MARKUS FLÜCK

Basic
Pilze

127 ARTEN
einfach
und sicher
erkennen

KOSMOS

Schnell zur richtigen Art mit dem **KOSMOS-FARBCODE**

MIT DEM KOSMOS-FARBCODE findest du dich in diesem Naturführer über Pilze ganz schnell zurecht. Die Einteilung in 3 große Gruppen vereinfacht das Finden der richtigen Art. Nicht die Farbe oder die Hutoberfläche ist bei der Bestimmung von Pilzen entscheidend. Nein, es ist die Hutunterseite, die den Unterschied macht. Schaust du dir den Pilz von unten an, siehst du, ob es sich um einen Röhren- oder Lamellenpilz handelt. Die Lamellenpilze sind mit den meisten Arten vertreten. Diese können in Untergruppen eingeteilt werden. Alle anderen Arten, die nicht in dieses Schema passen, werden in einer dritten Gruppe zusammengefasst.

Hutunterseite mit schwammartiger Struktur

SEITE 6 BIS 25

Röhrlinge

Wenn du den Hut dieser Pilzgruppe von unten betrachtest, erkennst du eine schwammartige Struktur, die sich leicht vom Hut ablösen lässt.
→ Zu diesen Pilzen gehört der bekannte Steinpilz, ein sehr beliebter Speisepilz. In dieser Gruppe findet man aber auch den giftigen Doppelgänger des Steinpilzes, den Gemeinen Gallenröhrling. Ebenfalls in diese

KURZINFO
Der Farbbalken hilft bei der Navigation durch das Buch.

Gruppe gehören der Rotfuß- und der Maronenröhrling, die beide gern gegessen werden. Die essbaren Rotkappen und Birkenpilze, als Raustielröhrlinge bezeichnet, runden diese Gruppe ab.

SEITE 26 BIS 99

Lamellenpilze

Wenn du den Hut bei dieser Pilzgruppe von unten betrachtest, erkennst du eine lamellenartige Struktur, die vom Stiel bis zum Hutrand ausgerichtet ist. Diese Lamellen oder Blätter, wie sie früher genannt wurden, können von weicher oder spröder Konsistenz sein. Außerdem werden gedrängt oder entfernt stehende Lamellen unterschieden. Ungleich lange Lamellen bezeichnet man als untermischt. Drei Untergruppen der Lamellenpilze – Täublinge/Milchlinge sowie Pilze mit beringtem oder unberingtem Stiel – machen es einfacher, eine Art zu finden.
→ Zu den Lamellenpilzen gehört der Reizker, ein beliebter

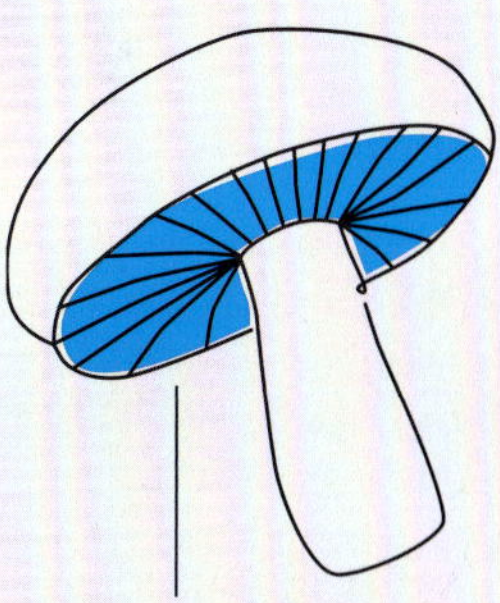

Hutunterseite mit lamellenartiger Struktur

Speisepilz aus der Gattung der Milchlinge. Der geschmacklich sehr scharfe und giftige Speitäubling ist auch ein Lamellenpilz. Wiesen-Egerlinge (Wiesenchampignons), ebenfalls beliebte Speisepilze, weisen erst rosa Lamellen auf, die dann aber zunehmend schwarz werden.
⟶ Tödlich giftige Arten wie Grüner- und Spitzhütiger Knollenblätterpilz lassen in dieser Gruppe aufhorchen. Beim Sammeln ist deshalb unbedingt Vorsicht angebracht!

SEITE 100 BIS 121

Weitere Pilze

In dieser Pilzgruppe gibt es Pilze mit Leisten, die an verkümmerte Lamellen erinnern, sowie Arten, die Stacheln auf der Hutunterseite aufweisen. Außerdem sind Pilze dabei, die nicht in das typische Schema »Stiel und Hut« passen.
⟶ Zu diesen Pilzen gehört als besonders beliebter Speisepilz der Echte Pfifferling oder Eierschwamm, wie er auch genannt wird. Ebenso vertreten sind die köstlichen Morcheln: Spitz- und Speisemorchel.
⟶ Ein weiterer Frühlingspilz, der in diese Gruppe passt, ist die sehr giftige Frühjahrslorchel.
⟶ Ein badeschwammartiger Pilz, die essbare Krause Glucke, weist nicht die typische Stiel-Hut-Pilzform auf.

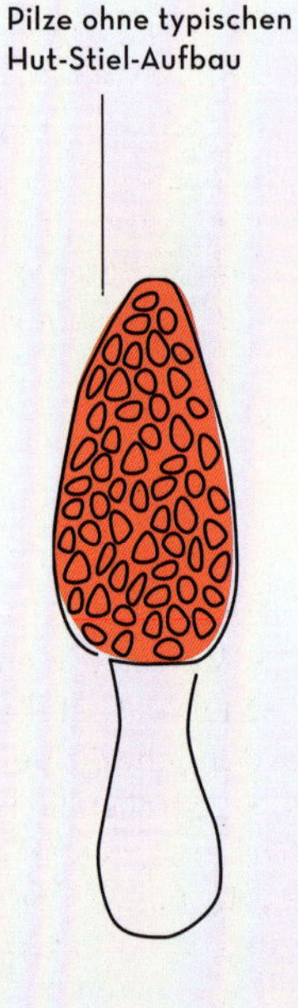

MIT VORSICHT ZU GENIESSEN

Pilze sammeln

Pilze sammeln ist eine sehr schöne Freizeitbeschäftigung, der oft auch Familien gern nachgehen. Schließlich sammle ich Speisepilze, um mir oder meiner Familie ein leckeres Essen zuzubereiten. Aber Vorsicht! Es gibt giftige bis tödlich giftige Arten, die sich oft nur durch kleine Merkmale von essbaren Pilzen unterscheiden.

Damit du sicher und erfolgreich ins Pilzesammeln einsteigen kannst, habe ich ein paar Tipps für dich:

⟶ Für Anfänger empfiehlt es sich, nur Röhrlinge zu sammeln. Sie sind deutlich ungefährlicher als Lamellenpilze. Es gilt aber in jedem Fall: Sammle nur, was du sicher erkennen kannst.

⟶ Ich verwende beim Sammeln einen Korb und keine Plastiktüte. In der Plastiktüte wird der Zersetzungsprozess deutlich beschleunigt, was beim Verzehr der Pilze eine Lebensmittelvergiftung verursachen kann. Große Pilze drehe ich aus, kleine scheide ich über dem Boden ab.

⟶ Lasse deine Pilze unbedingt bei einer Pilzberatungsstelle, in Österreich in einer Pilzauskunftsstelle oder in der Schweiz bei einer Pilzkontrollstelle kontrollieren. Nur so kannst du die Pilze als Mahlzeit selber oder mit deiner Familie sicher genießen.

Sammle nur, was du sicher erkennen kannst.

RÖHRLINGE
schneller bestimmen

Du hast einen Pilz mit typischem Hut-Stiel-Aufbau gefunden.

↓

Schaue dir die Hutunterseite genau an.

↓

Findest du hier eine schwammartige Struktur, ist es ein Röhrling. Falls nicht, schaust du auf S. 26/27 nach.

AB SEITE 7

Leicht zu erkennende Röhrlinge

Hier findest du Röhrlinge für Anfänger wie Maronen- und Rotfuß-Röhrling sowie Ziegenlippe.

AB SEITE 12

Röhrlinge mit dickem Stiel

Hier findest du den Steinpilz und seinen giftigen Doppelgänger, den Gemeinen Gallenröhrling, sowie den giftigsten aller Röhrlinge, den Satansröhrling.

AB SEITE 18

Weitere Röhrlinge

Vor allem Schmierröhrlinge und Raustielröhrlinge wie die Rotkappe sind hier vertreten.

Röhrenmündungen auf Druck blauend

Maronen-Röhrling

Imleria badia

Hut 3–15 cm, dunkelbraun, kastanienbraun, Oberfläche samtig; Röhrenmündungen blassgelb, dann grüngelb.
Stiel Zylindrisch, blass marmorierter Grund, mit feinen Längsfasern bedeckt.
Fleisch Weiß bis blassgelb, jung fest, später weich, blauend; Geruch obstartig, milder Geschmack.
Speisewert Essbar.

TYPISCH Erscheint von Juni bis November in Nadel- und Laubwäldern. Durch den ungenetzten Stiel, die blauenden Röhrenmündungen und das blauende Fleisch ist er kaum zu verwechseln. Dieser Pilz ist leider stark mit Cäsium 137 belastet.

Röhrenmündungen auf Druck
nur selten blauend

Rotfuß-Röhrling

Xerocomellus chrysenteron

Hut 3–10 cm, dunkelbraun, an Fraßstellen rötlich, Oberfläche feinfilzig, bei Trockenheit aufreißend; Röhrenmündungen jung blassgelb, später oliv, grobmaschig, eckig, auf Druck etwas blauend.

Stiel Gelblich, zylindrisch, mit unterschiedlichen Rottönen überhaucht.

Fleisch Blassgelb, manchmal schwach blauend; Geruch schwach, unbedeutend, säuerlicher Geschmack.

Speisewert Essbar.

→ TYPISCH Erscheint von Juli bis November in Nadel- und Laubwäldern. Dieser häufige Pilz gehört zu den begehrtesten Speisepilzen. Er ist jedoch oft madig und leicht verderblich. Das leichte Erkennen und sein oft massenhaftes Auftreten machen ihn beim Sammeln besonders beliebt. Im Herbst, wenn die Tage kälter werden, weisen die Stiele oft nur noch Gelbtöne auf.

Ziegenlippe

Xerocomus subtomentosus

Hut 3–12 cm, gelbockerfarben bis graubraun, Oberfläche feinfilzig, matt; Röhrenmündungen eckig, goldgelb.
Stiel Zylindrisch, gelbockerfarben, festfleischig, holzig, besonders an der Spitze rostbraun flockig, oft verbogen und Basis oft etwas zugespitzt.
Fleisch Weißgelb, im Stiel deutlich gelb, kaum blauend; Geruch schwach, milder Geschmack.
Speisewert Essbar.

→ TYPISCH Erscheint von Juli bis Oktober in Nadel- und Laubwäldern. Gelegentlich weist die Ziegenlippe braunrosafarbene Hüte auf. Dann kann sie mit dem Rotfuß-Röhrling (X. chrysenteron, S. 7) verwechselt werden. Sie ist als Speisepilz dem Rotfuß-Röhrling ebenbürtig.

Fichten-Steinpilz

Boletus edulis

Hut 6–20 cm, jung oft weiß, dann braun, Oberfläche glatt, auch runzelig; Röhrenmündungen weiß, gelb bis olivgrün.
Stiel Weiß bis hellbraun, Spitze feinmaschig, weiß genetzt, bauchig, dann keulig bis zylindrisch.
Fleisch Fest, im Schnitt nicht verfärbend, im Alter schwammig; Geruch angenehm, nussartiger Geschmack.
Speisewert Essbar.

Verwechslungsgefahr mit dem schwach giftigen Gemeinen Gallen-Röhrling (Tylopilus felleus, S. 13)! Der Fichten-Steinpilz ist der bekannteste unter den Röhrlingen und gilt als einer der besten Speisepilze überhaupt. Er ist in natürlicher Weise auf der Nordhalbkugel in großen Teilen Europas bis nach Marokko, in Asien sowie in Nordamerika und Mexiko verbreitet. Auf der Südhalbkugel ist sein Vorkommen

↑ Röhrenmündungen im Alter erst gelb, dann grün

nicht natürlich. Er wurde wahrscheinlich mit importierten Bäumen in den Ländern Neuseeland, Südafrika, Kenia und Simbabwe in der Mitte des 19. Jahrhunderts eingeführt. Unter dem Namen Herrenpilz ist er auch bekannt. Weiter ist der Fichten-Steinpilz in unseren Breiten oft gemeinsam mit dem Fliegenpilz anzutreffen.

TYPISCH **Erscheint von Juni bis November hauptsächlich bei Fichten, ausgezeichneter Speisepilz, an Waldrändern, Verwechslungsgefahr!**

Sommer-Steinpilz

Boletus aestivalis

Hut 8–25 cm, dunkelbraun, milchkaffeebraun, Oberfläche matt, feinfilzig, schuppig aufreißend; Röhrenmündungen jung weiß, dann gelblich bis grüngelb.
Stiel Hellbraun, Spitze mit weißem bis bräunlichem Netz überzogen, jung bauchig, dann keulig bis zylindrisch.
Fleisch Cremefarben, fest, bald schwammig; Geruch angenehm, milder Geschmack.
Speisewert Essbar.

→ TYPISCH Erscheint schon ab Mai bis August, besonders in Laubwäldern bei Buchen oder Eichen. Vom Fichten-Steinpilz (B. edulis, S. 10) unterscheidet sich der Sommer-Steinpilz durch die matte, oft leicht aufgerissene Huthaut und den dunkleren Stiel mit dem deutlichen Netz.

Grobes, dunkles, längs-
maschiges Stielnetz

Gemeiner Gallen-Röhrling

Tylopilus felleus

Hut 5–12 cm, honiggelb bis hellbraun, Oberfläche matt, filzig; Röhrenmündungen blass- bis braunrosa, auf Druck bräunend.
Stiel Bis auf die hellere Spitze wie der Hut gefärbt, mit grobem, dunklem Netz überzogen, zylindrisch bis keulig.
Fleisch Weiß, kaum verfärbend; Geruch angenehm, sehr bitterer Geschmack.
Speisewert Giftig.

→ **TYPISCH** **Erscheint von Juli bis Oktober, in Nadelwäldern, auf kalkarmen Böden. In manchen Jahren ist der stattliche Pilz sehr häufig und verführt deshalb zum Sammeln. Trotz des bitteren Geschmacks und der rosafarbenen Röhren wird er von nicht versierten Sammlern leicht mit dem Fichten-Steinpilz (Boletus edulis, S. 10) verwechselt.**

Stiel mit gelbem Grund, flockenartig rot überzogen →

Flockenstieliger Hexen-Röhrling

Neoboletus erythropus

Hut 5–15 cm, meist dunkelbraun, oft auch dunkel ziegelrot mit Olivton, kräftige und fleischige Erscheinung, Röhrenmündungen blutrot, manchmal mit Orangeton, Mündungen und Röhren sofort blauend, Röhrenboden gelb.
Stiel Rötliche Flöckchen auf gelbem Grund, nie netzig, bauchig.
Fleisch Gelb, im Schnitt und auf Druck sofort blauend, äußerst kompakt.
Speisewert Nur gut gekocht und erhitzt essbar.

→ TYPISCH Erscheint von Mai bis November hauptsächlich bei Fichten auf sauren Böden. Er ist als Speisepilz sehr ergiebig, da er kaum madig ist. In manchen Gegenden ist er auch unter dem Namen Schusterpilz bekannt.

Grobes dunkles längs-maschiges Stielnetz

Netzstieliger Hexen-Röhrling

Suillellus luridus

Hut 6–20 cm, braun, lederfarben, mit Olivton, Huthaut feinfilzig; Röhrenmündungen orangerot.
Stiel Bauchig, hellgelb bis orangegelb, Spitze rot bereift, alle Teile des Pilzes auf Druck blauend.
Fleisch Blassgelb, Basis weinrötlich; milder Geschmack.
Speisewert Essbar, man muss ihn jedoch mindestens 20 Minuten kochen; selten individuelle Unverträglichkeit.

→ TYPISCH Erscheint von Juni bis Oktober bei Laubbäumen, gerne am Waldrand, kalkliebend. Beim Entfernen der Röhren erscheint der Röhrenboden in oranger Farbe. Schneckenfraßstellen sind oft rötlich gefärbt.

Röhrenmündungen gelb, orange, schließlich karminrot →

Satans-Röhrling

Rubroboletus satanas

Hut 8–25 cm, weiß bis hellgrau, Fraßstellen gelb bis rötlich, Oberfläche glatt, seidenmatt, kahl; Röhrenmündungen klein, jung gelb, dann karminrot.
Stiel Gelb, oft bis zur Basis mit karminrotem, feinem Netz überzogen, bauchig bis knollig.
Fleisch Hellgelb, im Schnitt blauend, kompakt; Geruch unangenehm, im Alter aasartig, milder Geschmack.
Speisewert Giftig.

TYPISCH Erscheint von Juni bis September im Laubwald. Der kalkliebende und gerne bei Buchen vorkommende Dickröhrling ist vielerorts selten. Nur unaufmerksame Sammler können diesen stattlichen Pilz mit dem Steinpilz (B. edulis, S. 10) verwechseln. Er verursacht starke Magen-Darm-Beschwerden. Im Alter fällt der aasartige Geruch auf.

1 Schönfuß-Röhrling

Caloboletus calopus

STECKBRIEF Hut: 6–15 cm, graubraun, Oberfläche oft wellig, matt, samtig; Röhrenmündungen gelb • Stiel: Spitze gelblich, dann rötlich mit feinem, länglichem Netz, keulig bis bauchig • Fleisch: blass grau-gelblich; blauend, Geruch säuerlich, bitterer Geschmack • Juli bis Oktober, in Nadelwäldern. Giftig.

2 Wurzelnder Bitter-Röhrling

Caloboletus radicans

STECKBRIEF Hut: 8–20 cm, blass grauweiß; Röhrenmündungen zitronengelb • Stiel: jung hellgelb mit gelblichem Netz, dann braungelb, erst knollig, dann bauchig • Fleisch: hellgelb, im Schnitt blauend, Geruch etwas nach Maggi, bitterer Geschmack • Juli bis September, bei Laubbäumen. Kein Speisepilz.

Häutiger Ring →

Butterpilz

Suillus luteus

Hut 5–10 cm, dunkelbraun, seltener gelbbraun, dickfleischig, Oberfläche feucht schmierig, trocken matt, faserig; Röhrenmündungen zitronengelb, bald nachdunkelnd.
Stiel Zylindrisch, blassgelb mit häutigem Ring.
Fleisch Weiß-gelblich, jung zart, alt schwammig; milder Geschmack.
Speisewert Essbar, Huthaut abziehen.

→ TYPISCH Erscheint von Juni bis Oktober in Nadelwäldern, hauptsächlich bei Kiefern. Seltener findet man ihn auch bei Fichten oder Lärchen. Ähnlich ist der Körnchen-Röhrling (S. granulatus, S. 19), der nur bei zweinadligen Kiefern oft in Massen vorkommt.

1 Körnchen-Röhrling

Suillus granulatus

STECKBRIEF Hut: 2–9 cm, lederbraun, feucht schmierig; sondert jung an den gelben Röhrenmündungen und der Stielspitze milchige, haftende Tropfen ab • Stiel: blassgelb, zylindrisch • Fleisch: hellgelb, Geruch würzig, Geschmack schwach säuerlich • Juni bis Oktober, bei Kiefern. Essbar, Huthaut abziehen.

2 Kuh-Röhrling

Suillus bovinus

STECKBRIEF Hut: 4–12 cm, bräunlich, feucht schmierig, trocken klebrig; Röhrenmündungen gelbgrün, grobmaschig, Röhren schlecht ablösbar • Stiel: hutfarben, oft verbogen, elastisch, Basis rötlich • Fleisch: cremefarben; Geruch angenehm, Geschmack schwach bitter • Juli bis Oktober, bei Kiefern. Essbar.

Mit häutigem Ring →

Grauer Lärchen-Röhrling

Suillus viscidus

Hut 4–10 cm, hellgrau bis graubraun, Oberfläche glatt, feucht stark schmierig; Röhrenmündungen erst weißlich, dann graubraun.
Stiel Zylindrisch, graubräunlich marmoriert, an der Spitze mit häutigem, vergänglichem Ring.
Fleisch Weiß oder blass graugelblich; Geruch obstartig, milder Geschmack.
Speisewert Essbar.

→ TYPISCH Erscheint von Juli bis Oktober ausschließlich bei Lärchen auf kalkreichen Böden. Durch seine unauffällige Erscheinung wird er oft übersehen. Dank der grauen Röhrenmündungen und durch den Standort bei Lärchen ist er leicht zu erkennen.

Mit häutigem Ring →

Goldgelber Lärchen-Röhrling

Suillus grevillei

Hut 4–10 cm, fuchsig gelb, orangebraun, gewölbt bis abgeflacht, Oberfläche glatt, Röhrenmündungen gelb, später zimtfarbig, verfärben sich auf Druck zimtfarbig.
Stiel Mit gelbweißlichem, vergänglichem Ring, zylindrisch, voll, Basis etwas verdickt.
Fleisch Gelb, erst fest, dann schwammig; Geruch angenehm, Geschmack fade.
Speisewert Essbar.

→ TYPISCH Erscheint von Juli bis Oktober fast ausschließlich bei Lärchen. Dieser äußerst attraktive Pilz ähnelt dem selteneren Rostroten Lärchen-Röhrling (S. tridentinus).

Röhrenmündung in einem kräftigen Rostrot →

Pfeffer-Röhrling

Chalciporus piperatus

Hut 1–5 (8) cm, fuchsig, Oberfläche matt, feucht schmierig; Röhrenmündungen rostrot, eckig.
Stiel Gelb, fuchsig, zylindrisch, dünn.
Fleisch Im Stiel lebhaft zitronengelb, jung fest, später schwammig; Geruch unbedeutend, pfefferartiger Geschmack.
Speisewert Essbar, in größeren Mengen Magen-Darm-Beschwerden.

→ TYPISCH Erscheint von Juni bis Oktober im Nadelwald, auf Weiden unter Fichten oder Kiefern. Man verwendet ihn am besten als Mischpilz. Der pfefferige Geschmack nimmt beim Kochen deutlich ab. Gerne erscheinen an denselben Standorten Fichten-Steinpilze.

Gemeiner Birkenpilz

Leccinum scabrum

Hut 5–12 cm, gelbbraun, graubraun, Oberfläche glatt, trocken kahl, feucht schwach schmierig; Röhrenmündungen weiß bis hellgrau, auf Druck bräunend.
Stiel Weiß, mit dunklen Schüppchen dicht besetzt, schlank, Basis verdickt.
Fleisch Weiß, im Schnitt kaum verfärbend; Geruch angenehm, milder Geschmack.
Speisewert Essbar.

→ TYPISCH Erscheint von Juni bis Oktober ausschließlich bei Birken, häufig. Junge, feste Exemplare können als Mischpilz verwendet werden. Im Alter ist er zunehmend sehr schwammig und dadurch meist unbrauchbar.

Jung, Hut wie eine Kappe →

Espen-Rotkappe

Leccinum albostipitatum

Hut 6–20 cm, orangerot, fuchsig, dickfleischig, Oberfläche glatt, feinfilzig; Röhrenmündungen erst weiß, dann olivgrau.
Stiel Weiß, erst mit weißlichen, dann orangefarbenen bis braunroten Schüppchen überzogen, zylindrisch, sehr lang.
Fleisch Weiß, holziger Stiel, im Schnitt schwarz verfärbend; Geruch angenehm, milder Geschmack.
Speisewert Essbar.

→ **TYPISCH** **Erscheint von Juli bis November bei Zitterpappeln (Espen). Man unterscheidet noch weitere sehr ähnlich Arten, die nach den jeweiligen Wirtsbäumen unterschieden werden. Alle Rotkappen sind jedoch essbar und gelten als sehr gute Speisepilze. Sie sind rückläufig und mancherorts geschützt.**

Im Schnitt lachsfarben →

Strubbelkopf-Röhrling

Strobilomyces strobilaceus

Hut 5–10 cm, Oberfläche mit groben, dunklen Schuppen bedeckt, dazwischen weiß gefärbt, Hutrand unregelmäßig fransig überstehend; Röhrenmündungen weiß bis graubraun, verfärben sich auf Druck braun.
Stiel Zylindrisch, mit vergänglicher Ringzone, äußerst zäh.
Fleisch Grauweiß, im Schnitt braunrosa bis schwarz verfärbend; milder Geschmack, riecht etwas erdartig.
Speisewert Kein Speisepilz.

→ TYPISCH Erscheint von Juli bis Oktober in Nadel- und Laubwäldern, oft einzeln. Dieser einzigartige Pilz wurde zum Färben von Kleidung verwendet. Es gibt keine weiteren ähnlichen Röhrlinge.

LAMELLENPILZE
schneller bestimmen

Du hast einen Pilz mit typischem Hut-Stiel-Aufbau gefunden.

↓

Schaue dir die Hutunterseite genau an.

↓

Findest du hier eine lamellenartige Struktur, ist es ein Lamellenpilz – du bist hier richtig.

↓

Falls nicht, schaue auf S. 6 oder S. 100 nach.

AB SEITE 28

Täublinge und Milchlinge

Täublinge und Milchlinge zeichnen sich im Aufbau der Fruchtkörper durch runde Zellen aus. Das ist speziell, da die meisten Pilzarten längsfaseriges Fleisch aufweisen. Sie lassen sich in alle Richtungen mühelos entzweibrechen. Das hört sich an wie beim Essen eines Apfels.

⟶ Die Lamellen von Täublingen sind meist auffallend spröde. Die Lamellen des Violettgrünen Frauen-Täublings, ein guter Speisepilz, sind jedoch ausnahmsweise geschmeidig. Daran ist er gut zu erkennen. Der Kirschrote Spei-Täubling ist äußerst scharf im Geschmack und giftig.

⟶ Milchlinge zeichnen sich zusätzlich zu den Merkmalen von Täublingen durch ihre Saftzellen aus. Es sind hauptsächlich weiß, rot, gelb und violett milchende Arten bekannt. Bei den essbaren Lachs- und Fichten-Reizkern tritt orangerote Milch aus. Der Grubige Milchling hat im Schnitt erst weiße, dann sich gelb verfärbende Milch. Er hat einen scharfen Geschmack und ist giftig.

AB SEITE 40

Unberingter Stiel

Hier findest du Pilze mit weichen Lamellen und unberingtem Stiel. Schnecklinge und Saftlinge mit entfernt stehenden und wachsartigen Lamellen führen diese Gruppe an. Der heute als stark bis tödlich giftig deklarierte Pappel-Grünling ist ebenfalls hier zu finden. Im Frühling ist Vorsicht geboten vor Verwechslungen mit dem äußerst giftigen Ziegelroten Risspilz.

→ Gute Speisepilze, die erst spät im Herbst erscheinen, sind Mönchskopf-Trichterling und Violetter Rötelritterling.

→ Speisepilze wie Gelbfüße und Scheidenstreiflinge stehen in dieser Einordnung mit unberingtem Stiel am Schluss.

AB SEITE 80

Beringter Stiel

Hier sind Pilze mit weichen Lamellen und deutlich beringtem Stiel zu finden. Der giftige Fliegenpilz, der oft in Kinderbüchern oder auf Glückskarten auftaucht, führt diese Gruppe an. Der Grüne und der Spitzhütige Knollenblätterpilz sind tödliche Pilzarten. Auch sie haben einen vergänglichen Ring oder eine Manschette. Der sehr giftige Doppelgänger des essbaren Stockschwämmchens – der Gift-Häubling – ist hier ebenfalls vertreten.

→ Weiter gibt es begehrte Speisepilze wie Perlpilz, Riesenschirmpilz und Wiesen-Egerling.

Huthaut immer mit
violetten Anteilen

Violettgrüner Frauen-Täubling

Russula cyanoxantha

Hut 4–15 cm, schwarz-, grau- oder grünviolett, alt niedergedrückt bis trichterig, Haut abziehbar, schwach klebrig; Lamellen weiß, geschmeidig, gedrängt stehend, oft gegabelt, ausgebuchtet angewachsen.
Stiel Reinweiß, selten etwas lila, kräftig, zylindrisch, Basis verjüngt.
Fleisch Weiß, geruchlos; mit nussartigem Geschmack.
Speisewert Essbar.

→ TYPISCH **Erscheint von Juli bis Oktober in Laub- und Nadelwäldern, häufig bei Buchen. Auffällig sind die elastischen und nicht brüchigen Lamellen des Frauen-Täublings, die ihn von den meisten anderen Täublingen unterscheiden. Milde Täublinge sind essbar, während die scharfen Täublingsarten giftig oder ungenießbar sind.**

Fleischroter Speise-Täubling

Russula vesca

Hut 5–10 cm, fleischrot, oft mit rostbraunen Flecken, Rand kammartig gerieft, Lamellen weiß bis blassocker; Schneiden rostfleckig, gedrängt stehend, wenig gegabelt, ausgebuchtet angewachsen.
Stiel Weiß, rostfleckig, zylindrisch, Basis etwas verjüngt.
Fleisch Weiß, fest, brüchig, geruchlos; milder, nussartiger Geschmack.
Speisewert Essbar.

→ TYPISCH Erscheint von Mai bis September in Laub- und Nadelwäldern, häufig. Wie der Frauen-Täubling gilt der Fleischrote Speise-Täubling als sehr guter Speisepilz. Täublinge und Milchlinge weisen kugelige Zellen auf und sind nicht längsfaserig wie viele andere Pilzarten. Sie lassen sich deshalb in alle Richtungen mühelos brechen.

Hutrand jung herunter-
gebogen mit weißem Stiel →

Ockerweißer Täubling

Russula ochroleuca

Hut 4–8 cm, gelb, Oberfläche glänzend, Haut abziehbar; Lamellen weiß, gedrängt, leicht brechend, oft gegabelt, ausgebuchtet angewachsen.
Stiel Weiß, alt grauend, zylindrisch, Basis leicht verdickt.
Fleisch Weiß; Geruch schwach obstartig, milder bis scharfer Geschmack.
Speisewert Kein Speisepilz.

→ TYPISCH Erscheint von Juni bis Oktober in Laub-, besonders aber in Nadelwäldern, sehr häufig. Schärfer und unangenehm gallenartig im Geschmack und sehr ähnlich – mit cremefarbenem Hut, Lamellen und Stiel – ist der schwach giftige Gallen-Täubling (R. fellea).

Lamellen etwas entfernt stehend →

Kirschroter Spei-Täubling

Russula emetica

Hut 5–11 cm, blut- oder kirschrot, ausblassend, Haut glänzend, Rand alt kammartig gerieft; Lamellen weiß, entfernt stehend, ausgebuchtet angewachsen bis frei.
Stiel Weiß, brüchig, zylindrisch, jung voll, dann wattig ausgestopft.
Fleisch Weiß; Geruch angenehm obstartig, Geschmack sehr scharf.
Speisewert Giftig.

TYPISCH Erscheint von Juli bis Oktober in Laub-, und Nadelwäldern. Sämtliche scharf oder bitter schmeckende Täublinge sind für den Verzehr nicht geeignet und giftig.

Stiel purpurrosa überzogen, mit metallischer Note →

Stachelbeer-Täubling

Russula queletii

Hut 5–7 cm, dunkel weinrot, purpurbraun, alt mit leicht niedergedrückter Mitte, glänzend, Lamellen weiß, cremefarben, gerade angewachsen bis kurz herablaufend.
Stiel Fein karminrötlich, purpurrosa auf hellem Grund, ausblassend, zylindrisch, erst voll, dann wattig ausgestopft.
Fleisch Weiß, wässerig und brüchig, Geruch nach Stachelbeerkompott, brennend scharfer Geschmack.
Speisewert Giftig.

→ TYPISCH Erscheint von Juli bis Oktober in feuchten Nadelwäldern. Sein Geschmack ist brennend scharf. Bei Verzehr verursacht er Magen-Darm-Beschwerden. Der stachelbeerartige Geruch ist ein Alleinstellungsmerkmal. Er ist auch unter dem Namen Säufernase bekannt.

❶ Brauner Leder-Täubling

Russula integra

STECKBRIEF Hut: 4–15 cm, rotbraun, gelbbraun, dunkelbraun, alt etwas niedergedrückt, Haut glänzend, Rand schwach gerieft; Lamellen weiß, dann gelb, gedrängt stehend, am Stiel fast frei • Stiel: weiß, zylindrisch • Fleisch: weißlich, hart, fest, nussiger Geschmack • August bis Oktober, bei Nadelbäumen. Essbar.

❷ Rotstieliger Leder-Täubling

Russula olivacea

STECKBRIEF Hut: 4–20 cm, olivgrün, braun, karminrot, weinrot, Oberfläche glatt, matt; Lamellen gelblich, Schneiden alt rötlich, gedrängt stehend • Stiel: auf weißem Grund, rosa überzogen, zylindrisch • Fleisch: weißlich, hart, fest • Juli bis November, meist im Laubwald • Essbar, mindestens 20 Min. kochen.

Bei Verletzung sofort weiß milchend

Wolliger Milchling

Lactifluus vellereus

Hut 10–20 cm, weiß, alt stark trichterig, Oberfläche feinfilzig, wollig, Rand lange eingerollt; Lamellen weiß, braun fleckend, entfernt stehend, gerade angewachsen bis kurz herablaufend.
Stiel Weiß, kurz und dick.
Fleisch Weiß, fest und hart; Geruch angenehm, scharfer Geschmack; Milch weiß, im Gegensatz zum Fleisch mild.
Speisewert Kein Speisepilz.

→ TYPISCH Erscheint von Juli bis November in Laub- und Nadelwäldern. Er schießt regelrecht aus dem Boden und ist dadurch fast immer mit Humuspartikeln beschmutzt. Deshalb wird er auch Erdschieber genannt.

❶ Mohrenkopf-Milchling

Lactarius lignyotus

STECKBRIEF Hut: 2–6 cm, schwarzbraun, spitz gebuckelt, matt und runzelig; Lamellen weiß, etwas in den schwarzen Stiel übergehend • Stiel: dunkel, lang, runzelig • Fleisch: weiß, rosa verfärbend; Geruch neutral, Geschmack mild, weiße, milde Milch • Juli bis Oktober, in Nadelwäldern meist bei Fichten • Essbar.

❷ Pechschwarzer Milchling

Lactarius picinus

STECKBRIEF Hut: 4–9 cm, pechschwarz, samtig; Lamellen hellgelb, Übergang zum Stiel weißlich • Stiel: braun, voll und fest, im Alter wattig ausgestopft • Fleisch: weiß, an der Luft rosa anlaufend; Geruch neutral, scharfer Geschmack, weiße Milch scharf • Juli bis Oktober, in Nadelwäldern • Kein Speisepilz.

Bei Verletzung erst weiß, dann schwefelgelb milchend →

Grubiger Milchling

Lactarius scrobiculatus

Hut 6–20 cm, zitronengoldgelb, gezont, jung mit eingerolltem Rand, filzig; Lamellen cremefarben, gedrängt stehend, untermischt, herablaufend.
Stiel Mit goldgelben Gruben besetzt, dick und kurz, frühzeitig hohl.
Fleisch Blassgelb und fest; Geruch angenehm, scharfer Geschmack, Milch erst weiß, in Sekunden schwefelgelb verfärbend, reichlich, brennend scharf.
Speisewert Giftig.

→ TYPISCH Erscheint von Juli bis Oktober in Nadelwäldern bei Fichten oder Tannen. Ähnlich ist der Grubige Weißtannen-Milchling, der nur durch die blasseren Fruchtkörper unterschieden werden kann. Diese beiden giftigen Milchlinge erkennt man an der schnell schwefelgelb verfärbenden Milch.

❶ Lachs-Reizker

Lactarius salmonicolor

STECKBRIEF Hut: 4–12 cm, blass bis lebhaft orange, mit Zonierung; Lamellen orange, untermischt • Stiel: orange, mit wenigen flachen, dunkleren Gruben besetzt, hohl • Fleisch: ockerblass; Geruch schwach obstartig; Milch orangerot, etwas bitter • August bis November, in Nadelwäldern bei Weißtannen • Essbar.

❷ Fichten-Reizker

Lactarius deterrimus

STECKBRIEF Hut: 3–10 cm, orangerot, zunehmend grün marmoriert, trichterig; Lamellen orangegelb, alt graugrün fleckend • Stiel: orangerot, kurz, zylindrisch, hohl, ohne Grübchen • Fleisch: rötlich; Geruch obstartig; Milch karottenrot, erst mild, dann bitterlich • August bis November, bei Fichten • Essbar.

Hut schon jung mit spitzem Buckel →

Rotbrauner Milchling

Lactarius rufus

Hut 3–8 cm, rotbraun, purpurrotbraun, ungezont, flach gewölbt, dann trichterig, mit spitzem Buckel; Lamellen fleischrötlich, mäßig gedrängt stehend, untermischt, gerade angewachsen bis kurz herablaufend.
Stiel Etwas heller als der Hut, zylindrisch, alt hohl.
Fleisch Weißlich; Geruch ausgeprägt harzig; Milch weiß, reichlich, nach kurzer Verzögerung scharf.
Speisewert Kein Speisepilz.

→ TYPISCH Erscheint von Juni bis Oktober in Nadelwäldern. Es gibt viele rotbraune Milchlingsarten. Für sie alle gilt: Diejenigen mit milder Milch sind essbar.

Hut jung halbkugelig bis kugelig, typisch für Täublinge und Milchlinge

Brätling

Lactarius volemus

Hut 5–15 cm, orangefuchsig, alt niedergedrückt, matt, feinsamtig; Lamellen blassgelb, Druckstellen braunfleckend, gedrängt, bauchig, untermischt, gerade angewachsen bis kurz herablaufend.
Stiel Hutfarben, oft blasser. Zylindrisch, glatt, an der Spitze schwach längsrillig, auffallend festfleischig.
Fleisch Weiß, dann bräunlich, fest, selten madig; Geruch nach Hering oder Krebsfleisch; milder Geschmack; Milch weiß, auffallend reichlich mit mildem Geschmack.
Speisewert Essbar.

→ **TYPISCH** **Erscheint von Juni bis Oktober In Nadel- und Laubwäldern. Diesen Milchling erkennt man sofort an seinem aufdringlich heringsartigen Geruch, der sich beim Braten verliert.**

Natternstieliger Schneckling

Hygrophorus olivaceoalbus

Hut 2–5 cm, Oberfläche feucht stark schleimig, trocken glänzend, graubraun mit Olivton, Mitte dunkler. Mit stumpfem Buckel. Rand lange eingerollt. Lamellen weiß bis cremeweiß.
Stiel Weißlicher Grund, graubraun bis oliv genattert. Schlank und lang, zylindrisch, feucht schleimig bis schmierig.
Fleisch Weiß, weich. Geruch schwach, Geschmack mild.
Speisewert Essbar.

→ TYPISCH Erscheint von September bis November in sauren Nadelwäldern, hauptsächlich bei Fichten, auf sandigen, kalkfreien Böden. Der genatterte Stiel ist charakteristisch für diese Art. Dieselben Standortansprüche stellt der beliebte Speisepilz Maronen-Röhrling (Imleria badia, S. 7).

1 Orange-Schneckling

Hygrophorus abieticola

STECKBRIEF Hut: 5–15 cm, zart lachsfarben, gewölbt bis abgeflacht, glatt; Lamellen weiß, mit lachsrosafarbenem Reflex • Stiel: weiß, bisweilen lachsfarben überzogen • Fleisch: weiß, Geruch terpentinartig, Geschmack mild bis harzig • August bis November, in Nadelwäldern bei Weißtannen • Kein Speisepilz.

2 Rasiger Purpur-Schneckling

Hygrophorus erubescens

STECKBRIEF Hut: 4–8 cm, weiß, zur Mitte mit purpurrosafarbenen Fasern besetzt; Lamellen weiß, rosafleckig, auch gilbend • Stiel: weiß, mit rosafarbenen Fasern, gilbend • Fleisch: weiß, gilbend; Geruch angenehm, Geschmack bitter • August bis Oktober, bei Fichten, kalkliebend • Kein Speisepilz.

Lamellen entfernt stehend und biegsam →

Wohlriechender Schneckling

Hygrophorus agathosmus

Hut 4–8 cm, grau, selten weiß, Oberfläche feucht schleimig, trocken klebrig, bereift; Lamellen weiß bis cremefarben breit, am Stiel herablaufend.
Stiel Weiß, graubraun bereift, zylindrisch, voll, flockig, Basis etwas verdickt.
Fleisch Weiß, zart; Geruch nach Marzipan, milder Geschmack.
Speisewert Essbar.

→ TYPISCH Erscheint von September bis Oktober in Nadelwäldern und auf Magerwiesen, hauptsächlich bei Fichten oder Kiefern, kalkliebend. Ein gutes Erkennungsmerkmal ist der ausgeprägte, charakteristische Marzipan-Geruch, der jedoch in einem Gericht nicht jedem zusagt.

❶ Kirschroter Saftling

Hygrocybe coccinea

STECKBRIEF Hut: 2–6 cm, leuchtend kirschrot, glatt, ausblassend, stumpfkegelig, dünnfleischig; Lamellen rotorange • Stiel: kirschrot, zylindrisch, Oberfläche glatt, brüchig, längsfaserig • Fleisch: rötlich; fast geruchlos, milder Geschmack • September bis November, auf Wiesen und Weiden • Kein Speisepilz.

❷ Papageien-Saftling

Gliophorus psittacina

STECKBRIEF Hut: 1,5–4 cm, grün, gelbgrün bis orange, glatt, ausblassend, dünnfleischig; Lamellen gelblich, bauchig • Stiel: grün bis orange, zylindrisch, hohl • Fleisch: zart, grün, gelb oder orange; geruchlos, milder Geschmack • September bis November, auf Wiesen und Weiden • Kein Speisepilz.

Violetter Lacktrichterling

Laccaria amethystina

Hut 1–5 (10) cm, lebhaft violett, ausblassend, Rand anfangs eingerollt, alt niedergedrückt, oft verbogen, dünnfleischig; Lamellen lebhaft violett, dick, entfernt stehend, gerade angewachsen bis kurz herablaufend.
Stiel Violett, weiß längsfaserig, dünn und lang, zylindrisch, alt hohl.
Fleisch Violett, elastisch; ohne besonderen Geruch und Geschmack.
Speisewert Essbar.

→ TYPISCH Erscheint von Juni bis November in Laub- und Nadelwäldern. Durch seine in allen Teilen violette Färbung und seine geringe Größe ist er gut zu erkennen. Obwohl die Huthaut und der Stiel oft ausblassen, sind die Lamellen auf der Hutunterseite davon kaum betroffen.

Hut weiß-schimmelartig bereift, darunter schmutzig weiß

Bleiweißer/Streuliebender Trichterling

Clitocybe phyllophila

Hut 2–6 cm, mit weißem Firnis überzogen, darunter schmutzig weiß, seidenmatt, gewölbt, bald abgeflacht und etwas vertieft, dünnfleischig; Lamellen weiß bis cremefarben, untermischt, am Stiel schwach herablaufend.
Stiel Weiß, cremefarben, zylindrisch, längsfaserig, Basis stark weißfilzig.
Fleisch Weiß, schmutzig weiß, wässerig, elastisch, zäh; Geruch süßlich aromatisch, milder Geschmack.
Speisewert Sehr giftig.

TYPISCH Erscheint von Juli bis Oktober in Laub- und Nadelwäldern. Der Bleiweiße Trichterling gehört zu den sehr giftigen Arten. Achtung: Dieser Pilz sieht aus wie ein Mehl-Räsling. Generell gilt: Vorsicht beim Sammeln von weißen Pilzen!

Junges Exemplar mit deutlichem Buckel →

Mönchskopf-Trichterling

Infundibulicybe geotropa

Hut 5 –20 cm, blassbraun, im Alter creme bis weißlich, matt, jung schon tellerartig ausgebreitet, schließlich trichterig mit kleinem Buckel, Rand kammartig gerieft und lange eingerollt; Lamellen elfenbeinfarben, dicht stehend, stark herablaufend.
Stiel Kräftig und voll, im Alter zäh, Basis verdickt.
Fleisch Weiß bis cremefarben, fest, jung knackig; Geruch süßlich aromatisch, milder Geschmack.
Speisewert Essbar.

→ TYPISCH Erscheint von September bis November in Laub- und Nadelwäldern. Er bildet gerne Hexenringe, die nicht selten einen Durchmesser von über 10 m aufweisen. Durch dieses Auftreten in Ringen und die stattliche Größe ist er oft ein sehr ergiebiger Speisepilz.

Gedrängte Lamellen →

Nebelkappe

Clitocybe nebularis

Hut 6–15 cm, graubraun bis aschgrau, jung stark gewölbt, dann abgeflacht, schließlich niedergedrückt, bereift; Lamellen cremefarben, gedrängt, leicht vom Hutfleisch ablösbar, am Stiel kurz herablaufend.
Stiel Blass graubraun, kräftig, längsfaserig, Basis keulig.
Fleisch Weiß; Geruch charakteristisch süßlich, säuerlicher Geschmack.
Speisewert Giftig. Nach neuesten wissenschaftlichen Erkenntnissen für viele Personen auch nach vorherigem Abbrühen und anschließend gut gekocht immer noch unverträglich; kann Krebs auslösen.

→ TYPISCH Erscheint von September bis November in Laub- und Nadelwäldern. Wenn dieser Pilz auftaucht, zieht der Herbst mit dem Nebel ins Land. Die Nebelkappe – auch Nebelgrauer Trichterling genannt – kommt oft in Ringen oder Reihen vor.

Violetter Rötelritterling

Lepista nuda

Hut 5–15 cm, jung lebhaft violett, dann bräunlich lila, gewölbt bis ausgebreitet, Oberfläche glatt, matt; Lamellen lila, mäßig gedrängt, am Stiel ausgebuchtet angewachsen.
Stiel Violett, weiß überfasert, zylindrisch bis keulig, Basis mit dem Substrat stark verwachsen.
Fleisch Violett, ausblassend; Geruch fruchtig-parfümiert, milder Geschmack.
Speisewert Essbar.

Die Fruchtkörper dieses Pilzes bilden sich oft erst nach einem Temperatursturz im Spätherbst. Man findet den Violetten Rötelritterling dann gern zusammen mit der auch spät vorkommenden Nebelkappe. Er ist ein sehr guter Massenpilz, den man bis in den Dezember hinein ernten kann. Sein Vorkommen in Ringen und Reihen trägt zu einer üppigen Ernte

Exemplare mit dunklem Hut

Fund im ersten Schnee

bei. Selten kann man ihn vereinzelt im Frühling antreffen. Rötelritterlinge enthalten im rohen Zustand Blausäure. Deshalb muss man sie immer gut kochen. Blausäure wird durch starkes Erhitzen oder Trocknen neutralisiert und ist dann unbedenklich.

TYPISCH Erscheint von September bis Dezember, seltener von Februar bis April in Laub- und Nadelwäldern auf Substrat von reichlich Laub oder Nadeln. Etwas schmächtiger ist der Schmutzige Rötelritterling (L. sordida). Er hat dieselben Standortansprüche und ist ebenfalls essbar, jedoch nicht besonders schmackhaft. Sehr ähnlich ist der blassere, stärker riechende, ungenießbare Blassblaue Rötelritterling (L. glaucocana).

Der Pilz gehört in die Gattung der Schönköpfe

Maipilz · Georgsritterling

Calocybe gambosa

Hut 5–10 cm, weiß, cremefarben, bisweilen ockergelblich, matt, jung halbkugelig, dann gewölbt, schließlich ausgebreitet und verbogen, auffallend dickfleischig; Lamellen weiß, gedrängt stehend, ausgebuchtet angewachsen.
Stiel Weiß, kräftig.
Fleisch Weiß, fest; Geruch und Geschmack mehlartig.
Speisewert Essbar.

→ TYPISCH Erscheint von April bis Juni in Laub- und Nadelwäldern, an Waldrändern, in Wiesen und Parks. Der Pilz bildet auch Hexenringe oder kommt in Reihen vor. Achtung vor Verwechslungen mit dem ebenfalls im Frühling vorkommenden, sehr giftigen Ziegelroten Risspilz (Inocybe erubescens, S. 66)!

Rötlicher Holzritterling

Tricholomopsis rutilans

Hut 5–15 cm, auf gelbem Grund gänzlich mit kleinen, weinroten bis purpurroten, filzigen Schuppen bedeckt; Lamellen leuchtend gelb, untermischt, am Stiel ausgebuchtet bis breit angewachsen.
Stiel Auf gelbem Grund purpurrot geschuppt, zylindrisch bis keulig, meist kräftig, voll, im Alter auch hohl, filzig.
Fleisch Hellgelb, bisweilen wässerig, weich; Geruch säuerlich, milder Geschmack.
Speisewert Essbar, aber zuvor abbrühen.

→ **TYPISCH** **Erscheint von Juli bis September in Nadelwäldern auf Totholz. Seine kontrastreiche Farbenpracht ist einmalig. Er ist auch unter dem Namen Purpurfilziger Holzritterling bekannt. In kleinen Mengen als Mischpilz verwendbar.**

Gedrängt stehende Lamellen

Pappel-Grünling

Tricholoma frondosae

Hut 5–10 cm, grüngelber Grund, fein braunfuchsig geschuppt, Rand heller, ausgebreitet mit stumpfem Buckel; Lamellen gelb, untermischt, gedrängt stehend, am Stiel ausgebuchtet angewachsen.
Stiel Grüngelb, zylindrisch, glatt.
Fleisch Weißlich; Geruch mehlartig, milder Geschmack.
Speisewert Giftig.

TYPISCH Erscheint von September bis November auf Wiesen, am Waldrand, in Gemeinschaft von Espen, eher selten. Heute ist bekannt, dass der Pilz bei mehreren Pilzmahlzeiten innerhalb von wenigen Tagen Rhabdomyolyse auslöst, eine Auflösung der Muskelzellen mit mitunter tödlichen Folgen.

Hutoberfläche purpur-violettbraun →

Violettbrauner Schwefelritterling

Tricholoma bufonium

Hut 3–7 cm, purpurviolettbraun, feinschuppig, gewölbt, schließlich abgeflacht; Lamellen schwefelgelb, breit, sehr entfernt stehend, ausgebuchtet angewachsen.
Stiel Schwefelgelb, zylindrisch, voll, oft mit weißem Basalfilz.
Fleisch Schwefelgelb, grünlich gelb, fest; Geruch widerlich, aufdringlich leuchtgasartig, unangenehmer Geschmack.
Speisewert Giftig.

→ TYPISCH Erscheint von Juli bis Oktober in Nadel- und Laubwäldern. Sehr ähnlich sind die beiden ebenfalls giftigen Tricholoma-Arten, der Grünling (T. equestre) bei Kiefern und der Pappel-Grünling (T. frondosae). Diese Pilze riechen jedoch angenehm mehlartig und sind selten.

Seifen-Ritterling

Tricholoma saponaceum

Hut 4–8 cm, oliv, graubraun, graugrün, schwärzlich, oft feinschuppig, alt abgeflacht mit heruntergebogenem Rand, unregelmäßig gelappt; Lamellen cremefarben bis grüngelb, wachsig, entfernt stehend, dick.
Stiel Cremefarben, längsfaserig graubraun geschuppt, zylindrisch, verdreht.
Fleisch Weiß, bisweilen rötlich anlaufend; Geruch nach unparfümierter Seife, milder bis bitterer Geschmack.
Speisewert Giftig.

→ TYPISCH Erscheint von September bis November in Nadel- und Laubwäldern. Der Seifenritterling ist farblich und von der Form her ein äußerst veränderlicher Pilz und täuscht dadurch manchen Sammler. Der Geruch ist jedoch ein gutes Erkennungsmerkmal.

❶ Tiger-Ritterling

Tricholoma pardalotum

STECKBRIEF Hut: 4–12 cm, weißer Grund, silbergrau geschuppt; Lamellen weiß, stark ausgebuchtet, Schneiden oft tränend • Stiel: weiß, Spitze oft mit Tröpfchen besetzt, bräunlich, faserig • Fleisch: weiß; Geruch mehlartig, milder Geschmack; August bis Oktober, im Mischwald, selten • Giftig.

❷ Erd-Ritterling

Tricholoma terreum

STECKBRIEF Hut: 3–8 cm, hell bis dunkelgrau, matt, feinfilzig; Lamellen weiß, dann aschgrau, ausgebuchtet angewachsen • Stiel: weiß bis grauweiß • Fleisch: weiß, brüchig; fast geruchlos, milder Geschmack • August bis November, in Nadelwäldern bei Kiefern • Giftig, da er eine muskelzersetzende Substanz enthält.

Sehr gedrängt stehende und herablaufende Lamellen →

Weißer Rasling

Leucocybe connata

Hut 3–6 cm, kalkweiß, wellig, feucht silbergrau, matt bis seidig glänzend; Lamellen weiß, später cremefarben, sehr gedrängt stehend, am Stiel etwas herablaufend.
Stiel Cremefarben, längsfaserig graubraun geschuppt, zylindrisch, verdreht.
Fleisch Weiß, glasig; Geruch süßlich, ähnlich dem des Lerchensporns, milder Geschmack.
Speisewert Giftig.

→ TYPISCH Erscheint von August bis Oktober in Nadel- und Laubwäldern. Seit vor Jahren ein mutagen wirkender, d. h. das Erbgut verändernder Stoff bei ihm entdeckt wurde, kann er nicht als Speisepilz empfohlen werden. Früher stand der Pilz viel auf dem Speiseplan.

Hüte von auffallend knorpeliger Konsistenz →

Büscheliger Rasling

Lyophyllum decastes

Hut 3–10 cm, olivbraun bis kastanienbraun, stumpf gebuckelt bis etwas niedergedrückt, biegsam, mit dicker, knorpeliger Haut; Lamellen weiß, gedrängt stehend, zäh, am Stiel breit bis etwas ausgebuchtet angewachsen.
Stiel Weiß bis hell bräunlich, meist verbogen.
Fleisch Weiß; Geruch etwas mehlartig, milder Geschmack.
Speisewert Essbar.

→ TYPISCH Erscheint von August bis Oktober meist bei Laubbäumen in Wäldern. Er ist büschelig wachsend und kommt häufig entlang von Wegrändern vor. Oft tritt dieser gute Speisepilz in größeren Mengen auf und ist auch als Einzelgericht gut verwertbar.

Hut radialfaserig mit eingerissenem Rand →

Breitblättriger Rübling

Clitocybula platyphylla

Hut 5–15 cm, graubraun, ausblassend, radialfaserig, Rand alt scharf und oft etwas eingerissen; Lamellen erst weiß, dann cremefarben, auffallend breit, entfernt stehend, ausgebuchtet angewachsen, Schneiden gekerbt.
Stiel Weißlich, sehr formenreich, längsrillig, Basis mit langen, weißen Mycelsträngen.
Fleisch Weiß, im Stiel faserig; Geruch erdig, moderig, milder Geschmack.
Speisewert Kein Speisepilz.

→ TYPISCH Erscheint von Mai bis Oktober in Nadel- und Laubwäldern an morschen Strünken und vergrabenem Holz, sehr häufig. Er schmeckt oft etwas bitter und ist deshalb als Speisepilz nicht zu empfehlen.

Samtfußrübling
Winterrübling

Flammulina velutipes agg.

Hut 3–5 cm, honigfarben, orangegelb, alt flatterig, Oberfläche glatt, schmierig, Rand heller und oft durchscheinend gerieft; Lamellen weiß bis lachsfarben, auffallend bauchig und entfernt stehend, gerade bis fast ausgebuchtet angewachsen.
Stiel Stielspitze gelblich, gegen die Basis zunehmend braun bis schwarz feinsamtig, zylindrisch, voll, alt hohl.
Fleisch Cremefarben; Geruch angenehm, milder Geschmack.
Speisewert Essbar.

→ TYPISCH Erscheint von Oktober bis April büschelig an totem Laubholz, hauptsächlich von Esche, Weide und Buche. Erst nach den ersten Frösten kann man diesen sehr schmackhafte Winterpilz oft auf Laubholzstrünken oder an stehendem oder liegendem Totholz finden.

Trocknet schnell aus und zieht sich dann zusammen →

Nelken-Schwindling

Marasmius oreades

Hut 2–5 cm, feucht rotbräunlich, trocken lederfarben ausblassend, hygrophan, oft stumpf gebuckelt, dünnfleischig, Oberfläche glatt, Rand gekerbt; Lamellen schmutzig weiß, entfernt stehend, auffallend breit, ausgebuchtet angewachsen.
Stiel Cremefarben bis lederfarben, elastisch, voll, zäh.
Fleisch Weiß; Geruch aromatisch, milder Geschmack.
Speisewert Essbar.

→ TYPISCH Erscheint von Mai bis November auf Wiesen, Rasen und Gärten oft in Hexenringen. Der Nelken-Schwindling hat im Gegensatz zu den verschiedenen Trichterlingen weit entfernt stehende Lamellen und einen zähen Stiel.

Lamellen untermischt und breit →

Gemeiner Rettich-Helmling

Mycena pura

Hut 2–5 cm, blasslila, rosaviolett, jung glockig, dann flach mit schwachem Buckel, Rand durchscheinend gerieft; Lamellen weiß, breit, mäßig entfernt stehend, am Stiel ausgebuchtet angewachsen.
Stiel Grauviolett, blass, weißlich, schlank, hohl, auffallend gebrechlich, Oberfläche glatt.
Fleisch Graulila, wässerig; Geruch und Geschmack charakteristisch rettichartig.
Speisewert Giftig.

→ TYPISCH Erscheint von Juli bis Oktober in Nadel- und Laubwäldern. Im Rettich-Helmling wurde in geringer Menge das Nervengift Muscarin nachgewiesen. Weiter ist er farblich sehr variabel. Der Geruch nach Rettich ist charakteristisch und immer vorhanden.

Mehl-Räsling

Clitopilus prunulus

Hut 3–12 cm, weiß, cremefarben, blassgrau, jung gewölbt mit stark eingerolltem Rand, dann trichterförmig, Oberfläche glatt, matt; Lamellen weiß, später rosa, gedrängt stehend, am Stiel herablaufend, lassen sich leicht vom Hutfleisch abtrennen.
Stiel Weiß, zylindrisch, nicht selten exzentrisch, Basis oft keulig, aber auch verjüngt, immer weißfilzig.
Fleisch Weiß, weich und brüchig; Geruch und Geschmack stark mehlig.
Speisewert Essbar.

→ TYPISCH Erscheint von Juli bis Oktober in Nadel- und Laubwäldern. Gern erscheinen in der Nähe von Mehl-Räslingen Steinpilze. Vorsicht vor Verwechslungen mit äußerst giftigen weißen Trichterlingen (Clitocybe)! Deshalb nicht geeignet für Anfänger. Meide weiße Pilze beim Sammeln!

Hut glockig und faltig gefurcht →

Gesäter Tintling

Coprinellus disseminatus

Hut 0,5–1,5 cm, hellocker, hellgrau, alt gelbbraun, faltig gefurcht, glockig, häutig; Lamellen weiß, dann grauviolettschwarz, entfernt stehend, gerade angewachsen, nicht zerfließend.
Stiel Weiß, zylindrisch, gegen die Basis oft gebogen, röhrig, kahl, glatt.
Fleisch Weißlich; ohne besonderen Geruch, Geschmack mild.
Speisewert Kein Speisepilz.

→ TYPISCH Erscheint von Mai bis Oktober in Nadel- und Laubwäldern, zu Hunderten auf vermoderten Strünken. Der Gesäte Tintling nimmt unter den Tintlingen (Coprinus) eine Sonderstellung ein, da er als Einziger nicht tintenartig zerfließt.

Lamellen gedrängt und rauchblättrig →

Rauchblättriger Schwefelkopf

Hypholoma capnoides

Hut 2–6 cm, gelb bis braungelb, Oberfläche jung seidig überzogen, später glatt; Lamellen rauchgrau, dann grauviolett, mäßig gedrängt stehend, am Stiel angewachsen.
Stiel Stielspitze weißlich, seidig, gegen die Basis rostbraun, oft gebogen, schlank, hohl, feinfaserig.
Fleisch Weißlich, im Stiel bräunlich und zähfaserig; Geruch etwas stechend, milder nussiger Geschmack.
Speisewert Essbar.

TYPISCH **Erscheint von September bis Dezember, selten im Frühjahr, auf totem Nadelholz. Der häufigere giftige Grünblättrige Schwefelkopf (H. fasciculare) unterscheidet sich durch grünliche Lamellen und v. a. durch das gelbe Stielfleisch.**

❶ Grünblättriger Schwefelkopf

Hypholoma fasciculare

STECKBRIEF Hut: 2–7 cm, schwefelgelb, matt, rostig braune Mitte; Lamellen schwefelgelb bis grünlich braun, gedrängt stehend • Stiel: schwefelgelb, gebogen • Fleisch: schwefelgelb, besonders im Stiel; Geruch unangenehm, sehr bitterer Geschmack • April bis Dezember, v. a. auf totem Laubholz • Giftig.

❷ Ziegelroter Schwefelkopf

Hypholoma lateritium

STECKBRIEF Hut: 4–12 cm, ocker bis dunkelbraun, Mitte ziegelrot, Rand blasser; Lamellen gelbbraun, später lilabraun • Stiel: gelblich, gegen die Basis ziegelrot • Fleisch: blassgelb, im Stiel rotbraun; Geruch muffig, bitterer Geschmack • April bis Dezember, v. a. auf totem Laubholz • Schwach giftig.

Hutoberfläche mit deutlich rötender Stelle

Ziegelroter Risspilz

Inocybe erubescens

Hut 3–8 cm, weißlich bis strohfarben, mit rötenden Stellen, gebuckelt, radialrissig; Lamellen erst weißlich, dann rostbraun, gedrängt stehend, breit, am Stiel ausgebuchtet angewachsen.
Stiel Jung weißlich, kräftig, voll, Basis bisweilen knollig.
Fleisch Weiß, im Stiel schwach rötend, rot verfärbend; Geruch süßlich, milder, unangenehmer Geschmack.
Speisewert Sehr giftig.

→ TYPISCH Erscheint von Mai bis Juli, selten später, bei Laubbäumen in Wäldern und in Parks, gern unter alten Bäumen, kalkliebend. Zur selben Zeit wie der Ziegelrote Risspilz erscheint der weiße, essbare Mai-Ritterling (Calocybe gambosa). Verwechslungen von jungen, weißlichen Exemplaren führten schon zum Tod.

Erdblättriger Risspilz

Inocybe geophylla

Hut 1–4 cm, weiß bis cremefarben, jung kegelig, gebuckelt, alt ausgebreitet, Oberfläche seidig matt, radialfaserig; Lamellen erst weißlich, dann braunocker, gedrängt stehend, ausgebuchtet angewachsen.
Stiel Weißlich, schlank und gebrechlich.
Fleisch Weiß, zart; Geruch spermatisch, schärflicher Geschmack.
Speisewert Sehr giftig.

→ TYPISCH Erscheint von Juli bis November, in Laub- und Nadelwäldern entlang von Waldwegen. Genauso wie der Ziegelrote Risspilz (I. erubescens) enthält auch der Erdblättrige Risspilz in großer Konzentration das giftige Muscarin.

Kegeliger Risspilz

Inocybe rimosa

Hut 2–6 cm, strohgelb bis braun, stets mit spitzem Buckel, stark radialrissig, faserig, matt; Lamellen blassgelb bis braun, mit weißen Schneiden, gedrängt stehend, untermischt, gerade bis ausgebuchtet angewachsen.
Stiel Weißlich bis bräunlich, Spitze weißflockig, zylindrisch, voll, längsfaserig.
Fleisch Weiß; mit spermatischem Geruch, mild, leicht bitter, erdiger Geschmack.
Speisewert Sehr giftig.

→ TYPISCH Erscheint von Juni bis Oktober, in Wäldern, Parks und entlang von Waldwegen. Eine Vergiftung durch den Kegeligen Risspilz macht sich durch Schweißausbrüche und schwere Bauchkoliken bemerkbar. Unter den Risspilzen sind die meisten Arten giftig.

Hutoberfläche fein rötlich geschuppt →

Rotschuppiger Raukopf

Cortinarius (Leprocybe) bolaris

Hut 3–8 cm, gewölbt bis ausgebreitet, Oberfläche auf blassgelbem Grund rötlich geschuppt; Lamellen graubraun, dann zimtbraun, alt durch die reifen Sporen rostbraun gefärbt, nicht gedrängt, untermischt.
Stiel Auf blassgelbem Grund rötlich schuppig, zylindrisch, oft verbogen.
Fleisch Weißlich, gilbend; Geschmack leicht bitter.
Speisewert Giftig.

→ TYPISCH Erscheint von Juli bis Oktober, in Laub- und Mischwäldern, bei Rot-Buchen. Die roten Schuppen machen diesen Pilz sehr auffällig. Im Alter verschwinden die Schuppen und die Hüte werden kahl rotbraun.

Hut gebuckelt, Stiel mehrmals dunkler gegürtelt →

Spitzgebuckelter Raukopf

Cortinarius (Leprocybe) rubellus

Hut 3–8 cm, orangerot, rotbraun, spitz gebuckelt, Oberfläche feinschuppig, matt; Lamellen rotbraun, entfernt stehend, am Stiel ausgebuchtet angewachsen.
Stiel Hutfarben, voll, längsfaserig, Basis etwas verdickt, mehrmals gegürtelt.
Fleisch Blass rostbraun; Geruch rettichartig.
Speisewert Tödlich giftig.

→ TYPISCH Erscheint von Juli bis September, in feuchten Fichtenwäldern, in Mooren auf sauren Böden. Dieser Pilz enthält in hoher Konzentration das Nierengift Orellanin, das bei einer Vergiftung tödliche Folgen haben kann. Bei den Rauköpfen gibt es grundsätzlich keine Speisepilze.

Jung kugeliger Hut, filzig bis schuppig

Dunkelvioletter Schleierling

Cortinarius (Cortinarius) violaceus

Hut 4–15 cm, dunkelviolett, alt fast schwarzbraun, Oberfläche filzig bis schuppig; Lamellen violett mit flockiger Schneide, durch den Sporenstaub rostbraun, entfernt stehend.
Stiel Dunkelviolett, trocken, vom Schleier oft rostbraun genattert, Basis keulig verdickt.
Fleisch In Hut und Stiel violett, fest, marmoriert, dick; Geruch nach Zedernholz, Leder.
Speisewert Essbar.

→ **TYPISCH Erscheint von August bis Oktober, in Laub- und Nadelwäldern, meist im Laubwald. Der Dunkelviolette Schleierling ist auch als Mitternachtspilz bekannt und kommt weltweit vor. Er hat einen hohen Eisengehalt von 7–8 mg/g Trockengewicht. In der Gattung Schleierlinge sind nicht viele essbare Arten bekannt.**

Jung, Lamellen vom Schleier überzogen →

Schleiereule

Cortinarius (Phlegmacium) praestans

Hut Bis 25 cm, braunviolett, erst kugelig, dann gewölbt, alt flach, dickfleischig, glatt, schmierig, Rand im Alter kammartig gerieft; Lamellen jung weißlich, grau, mit Lilaschimmer, alt bräunlich, gedrängt stehend, mit gekerbten Schneiden.
Stiel Weißlich, mit weißviolettem Schleier überzogen, bauchig bis knollig, kräftig, voll.
Fleisch Weißlila, fest; fast geruchlos, milder Geschmack.
Speisewert Essbar.

→ TYPISCH Erscheint von September bis November, in Laubwäldern, gern auf kalkreichen Böden, seltener bei Nadelbäumen. Er ist selten und sollte deshalb nur bei massenhaftem Auftreten gesammelt werden.

❶ Kahler Krempling

Paxillus involutus agg.

STECKBRIEF Hut: 5–15 cm, blass ockerbraun, flach bis trichterig, Rand eingerollt und gerippt; Lamellen hellbraun, ockergelblich, weit herablaufend • Stiel: gelb bis braunrötlich, zylindrisch • Fleisch: gelb, dann braun; Geruch und Geschmack säuerlich • Juli bis November, in Nadel- und Laubwäldern • Giftig.

❷ Samtfuß-Krempling

Tapinella atrotomentosa

STECKBRIEF Hut: 5–15 cm, braun, filzig, mit eingerolltem Rand; Lamellen ockergelb, weit herablaufend • Stiel: schwarzbraun samtig, kurz und kräftig, exzentrisch • Fleisch: blassgelb; Geruch säuerlich, bitterer Geschmack • Juli bis November, auf morschen Strünken von Nadelbäumen • Kein Speisepilz.

Lamellen herablaufend mit gelber Stielbasis

Kuhmaul · Großer Gelbfuß

Gomphidius glutinosus

Hut 3–15 cm, graubraun bis schokoladenbraun, ausblassend, oft schwarzfleckig, ausgebreitet bis trichterig, glasig schleimig; Lamellen weiß bis rußig grau, jung mit Schleimschicht überzogen, herablaufend, entfernt stehend, gegabelt.
Stiel Blass bis schmutzig braun, schleimig, Basis unter der schleimigen Haut lebhaft gelb.
Fleisch Weiß, alt grau bis graubraun, in der Stielbasis gelb und holzig, sonst zart; Geruch unbedeutend, milder Geschmack.
Speisewert Essbar.

→ TYPISCH Erscheint von Juli bis Oktober, hauptsächlich bei Fichten, in Wäldern und auf Weiden. Entfernt man seine unappetitliche Huthaut, ist er ein wohlschmeckender Speisepilz.

❶ Kupferroter Gelbfuß

Gomphidius rutilus

STECKBRIEF Hut: 3–8 cm, braun, ockerbraun, mit kupferrotem Farbton, glatt; Lamellen graulila, gelborange, alt schwärzlich, am Stiel weit herablaufend • Stiel: gelborange, Basis verjüngt • Fleisch: blassorange, fest; Geruch neutral, Geschmack mild • Juni bis Oktober, bei zweinadligen Kiefernarten • Essbar.

❷ Filziger Gelbfuß

Chroogomphus helveticus

STECKBRIEF Hut: 3–8 cm, orangebraun, filzig, matt, Rand lange eingebogen; Lamellen orangeocker, herablaufend • Stiel: lebhaft orangegelb, kräftig, voll, Basis verjüngt • Fleisch: gelborange, fest; Geruch fruchtig, milder, etwas parfümierter Geschmack • Juli bis Oktober, in Nadelwäldern • Essbar.

Stahlblauer Rötling

Entocybe nitida

Hut 2–5 cm, dunkelblau, blauviolett, radialfaserig, glockig, dann gewölbt, dünnfleischig; Lamellen weiß, dann gelblich, schließlich durch die reifen Sporen rosa gefärbt, etwas entfernt stehend, bauchig, am Stiel fast frei.
Stiel Dunkelblau, gegen die Basis weiß, zylindrisch, mit verjüngter Spitze, hohl, längsfaserig, gebrechlich.
Fleisch Weiß; Geruch leicht unangenehm, milder Geschmack.
Speisewert Giftig.

→ TYPISCH **Erscheint von August bis Oktober in Nadelwäldern. Seine intensive, stahlblaue Farbe macht ihn zu einem attraktiven, unverwechselbaren Pilz.**

Lamellen gedrängt stehend, herablaufend →

Falscher Pfifferling

Hygrophoropsis aurantiaca

Hut 2–7 cm, feucht leuchtend orange, sonst gelb, ausblassend, flach bis trichterig, jung samtig, später verkahlend; Lamellen lebhaft orange, gegen den Hutrand gegabelt, weit herablaufend.
Stiel Orangegelb, ausblassend, meist etwas verbogen, zentral oder exzentrisch, Basis zugespitzt.
Fleisch Gelblich bis orangegelb, zäh; Geruch und Geschmack unauffällig.
Speisewert Kein Speisepilz.

→ TYPISCH Erscheint von September bis Oktober. Auf dem Boden oder auf vermodertem Nadelholz. Führt bei anfälligen Personen zu unangenehmen Verdauungsstörungen.

Lappige Scheide →

Grauer Scheidenstreifling

Amanita vaginata

Hut 3–8 cm, grau, glockig, dann ausgebreitet stumpf gebuckelt, Oberfläche glatt, Rand stark gerieft; Lamellen weiß, frei, gedrängt stehend und bauchig.
Stiel Weiß, schlank, gegen die Spitze verjüngt, fast glatt, Basis von einer weißen, graufleckigen Scheide umgeben.
Fleisch Weiß, zart, brüchig; Geruch unbedeutend, milder Geschmack.
Speisewert Essbar.

→ TYPISCH Erscheint von Juni bis September in Nadel- und Laubwäldern. Die Stielbasis der Scheidenstreiflinge ist als lappige Scheide, nie aber als Knolle ausgebildet. Alle Scheidenstreiflinge sind roh giftig und erst gut gekocht und erhitzt essbar.

Hutrand gerieft →

Rotbrauner Scheiden-streifling

Amanita fulva

Hut 3–6 cm, fuchsig, rotbraun, glockig, dann ausgebreitet mit unauffälligem, kleinem Buckel, Oberfläche glatt, Rand stark gerieft; Lamellen weiß, frei, gedrängt stehend und bauchig.
Stiel Weißlich, bisweilen braunrötlich, aber nie genattert, zylindrisch, Basis von einer weißen, braunfleckigen Scheide umgeben.
Fleisch Weiß, zart; Geruch unbedeutend, milder Geschmack.
Speisewert Essbar.

→ TYPISCH Erscheint von Juni bis September in Nadel- und Laubwäldern. Alle Scheidenstreiflinge sind roh giftig und erst gut gekocht und erhitzt essbar.

Manschette gelblich gezähnt →

Fliegenpilz

Amanita muscaria

Hut 5–15 cm, lebhaft rot bis orange, mit weißen, leicht abwischbaren Velumflocken besetzt; Lamellen weiß, bauchig, gedrängt stehend, am Stiel frei.
Stiel Weiß, zylindrisch, etwas flockig, mit einer kugeligen, durch mehrere Warzengürtel abgesetzten weißen Knolle, mit einer weißen, weiß oder gelblich gezähnten Manschette, oft gerieft.
Fleisch Weiß, unter der Huthaut gelb; Geruch unauffällig.
Speisewert Giftig.

→ TYPISCH Erscheint von Juli bis November in Nadel- und Laubwäldern, gern bei Fichten oder Birken. Mit seinen weißen Punkten auf rotem Grund ist er ein sehr attraktiver, auffallender Pilz.

Stiel in Knolle eingepfropft (wie ein Korken bei einer Weinflasche) →

Pantherpilz

Amanita pantherina

Hut 5–10 cm, braun, mit weißen, abwischbaren Velumflocken bedeckt, Haut glänzend, Rand oft gerieft; Lamellen weiß, gedrängt stehend, am Stiel abgerundet, frei.
Stiel Weiß, in Knolle eingepfropft, darüber mit weißen, häutigen Ringzonen, herabhängende, ungeriefte, vergängliche Manschette.
Fleisch Weiß; Geruch unbedeutend, milder Geschmack.
Speisewert Giftig.

→ **TYPISCH Erscheint von Juli bis Oktober in Nadel- und Laubwäldern. Ähnlich, jeweils mit geriefter Manschette, sind der Graue Wulstling (A. excelsa) und der Perlpilz (A. rubescens).**

Grüner Knollenblätterpilz

Amanita phalloides

Hut 4–12 cm, olivgrün, gelbgrün, weiß, fein radialfaserig eingewachsen, Rand ungerieft; Lamellen weiß, gedrängt stehend, frei.
Stiel Weiß, grün genattert, Basis knollig, von einer häutigen, oft gelappten, weißlichen Scheide umgeben, Manschette weißlich, häutig, herabhängend und leicht gerieft.
Fleisch Weiß, zart; Geruch honigartig, alt widerlich, Geschmack mild.
Speisewert Tödlich giftig.

Obwohl der Grüne Knollenblätterpilz einen milden Geschmack aufweist, darf er auf keinen Fall probiert werden. Die für einen erwachsenen Menschen tödliche Dosis ist bereits in 50 g Frischpilz enthalten. Somit kann ein einzelner Pilz die tödliche Vergiftung hervorrufen. Er ist für rund

↑ Hutfarbe mit großem Weißanteil

90 Prozent der Pilzvergiftungen mit Todesfolge verantwortlich. Die enthaltenen Gifte (Amatoxine und Phallotoxine) verursachen ein Leberversagen. Aus der Vergangenheit sind mehrere Massenvergiftungen dokumentiert, wie etwa im Jahr 1946 in Berlin mit 50 Toten oder auch im Jahr 1918, als bei einer Ferienfreizeit bei Posen 31 Jungen zu Tode kamen. Im englischsprachigen Raum wird der Pilz »Death Cap« (wörtlich: Todeshaube) genannt.

→ TYPISCH Erscheint von Juli bis Oktober hauptsächlich in Laubwäldern. Durch die stark variierende Hutfarbe von Weiß bis sattem Grün kommt es nicht selten zu tödlichen Verwechslungen.

Stiel unregelmäßig faserig überzogen

Spitzhütiger Knollenblätterpilz

Amanita virosa

Hut 3–9 cm, weiß, kegelig, kaum ganz ausgebreitet, glatt, feucht klebrig; Lamellen reinweiß, gedrängt stehend, am Stiel frei.
Stiel Reinweiß, schlank, auffallend faserig überzogen, knollige Basis mit einer den Stiel umschließenden weißen, häutigen Scheide, weiße, vergängliche Manschette.
Fleisch Weiß, zart; Geruch mit Honigkomponente, milder Geschmack.
Speisewert Tödlich giftig.

TYPISCH Erscheint von Juni bis Oktober in Nadel-, seltener Laubwäldern. Achtung beim Sammeln von Champignons (Agaricus), Verwechslungsgefahr! Dieser Pilz wird gern von Schnecken angefressen. Sie bekommen jedoch keine Leberschädigung, weil sie keine Leber haben.

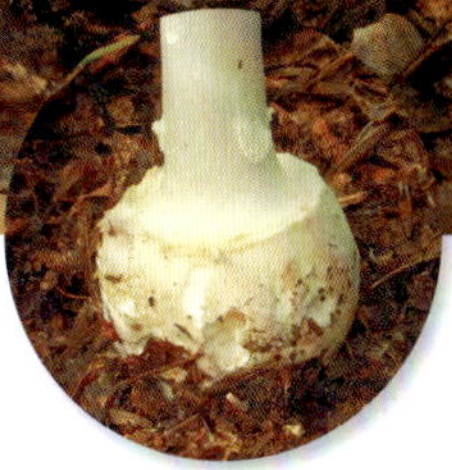

Abgesetzte Knolle mit
watteartiger Konsistenz

Gelber Knollenblätterpilz

Amanita citrina

Hut 4–10 cm, zitronengelb, mit groben, weißen Velumresten bedeckt, die später bräunen; Lamellen weiß, bauchig, gedrängt stehend, am Stiel frei.
Stiel Weiß, fein blassgelb, genattert, Basis mit einer großen, watteartigen, deutlich vom Stiel abgesetzten Knolle, herabhängende, geriefte, weiße Manschette.
Fleisch Weiß; Geruch nach rohen Kartoffeln, eher unangenehmer Geschmack.
Speisewert Schwach giftig.

→ **TYPISCH Erscheint von Juli bis Oktober in Nadel- und Laubwäldern. Er enthält das hitzeinstabile Gift Bufotenin, ein Krötengift, das beim Kochen größtenteils zerstört wird.**

Geriefte Manschette →

Perlpilz

Amanita rubescens

Hut 5–15 cm, blass bräunlich bis braunrot, gelblich, mit blassgrauen Velumflocken bedeckt, Rand glatt; Lamellen weiß, gedrängt stehend, breit, frei.
Stiel Weiß, oft rötlich fein geschuppt, Spitze verjüngt, voll, kräftig oder schlank, mit deutlich geriefter Manschette, Basis knollig, rübenförmig, oft feinwarzig gegürtelt.
Fleisch Weiß, rötend; Geruch unbedeutend, Geschmack herb, kratzend.
Speisewert Essbar.

→ TYPISCH Erscheint von Juni bis November in Nadel- und Laubwäldern. Achtung vor Verwechslungen mit dem stark giftigen Pantherpilz (A. pantherina)! Beim Sammeln gilt, nur madenfreie knackige Exemplare zu verwenden, weil alte Fruchtkörper schnell verderben!

❶ Grauer Wulstling

Amanita excelsa

STECKBRIEF Hut: 5–12 cm, grau mit weißgrauen Velumflocken bedeckt; Lamellen weiß, frei • Stiel: weißlich, Spitze verjüngt, Basis knollig, Manschette deutlich gerieft, weißlich • Fleisch: weiß; Geruch rübenartig • Juli bis Oktober, im Mischwald • Kein Speisepilz.

❷ Porphyrbrauner Wulstling

Amanita porphyria

STECKBRIEF Hut: 4–8 cm, braun, selten mit häutigen Velumflecken; Lamellen weiß, frei • Stiel: weiß, grau genattert, Basis mit abgesetzter, watteartiger Knolle, Manschette vergänglich • Fleisch: weiß; Geruch nach rohen Kartoffeln • Juli bis Oktober, im Nadelwald • Schwach giftig.

Hutrand weißlich und mit Velum behangen →

Wiesen-Egerling

Agaricus campestris

Hut 3–10 cm, weiß, im Alter rötlich oder bräunlich, Oberfläche fein geschuppt, selten glatt; Lamellen jung kräftig rosa, dann braunrot, schließlich schwarz, gedrängt stehend, bauchig.
Stiel Weiß, zylindrisch, schlank, Basis bisweilen gelbfleckig, Ring verkümmert, schnell vergänglich.
Fleisch Weiß, zart, im Schnitt in der Stielspitze schwach rötend, in der Basis leicht gelblich; Geruch und Geschmack mild nussartig.
Speisewert Essbar.

→ TYPISCH Erscheint hauptsächlich von Mai bis Oktober auf gedüngten Böden wie Wiesen, Weiden und Maisfeldern. Vorsicht: Den gleichen Standort mit ihm teilt der gilbende und giftige Karbol-Egerling (A. xanthoderma).

1

2

❶ Schiefknolliger Anis-Egerling

Agaricus essettei

STECKBRIEF Hut: 8–12 cm, weiß bis gelblich, auf Druck zitronengelb; Lamellen blassgrau, rosa, alt schwärzlich • Stiel: weiß, Basis knollig, Ring dünnhäutig • Fleisch: Geruch und Geschmack anisartig • Mai bis Oktober, Mischwald • Essbar.

❷ Karbol-Egerling

Agaricus xanthodermus

STECKBRIEF Hut: 6–14 cm, kalkweiß, glatt und kahl; Lamellen rosa bis schwarz • Stiel: weiß, Basis knollig, gezähnte Manschette, bei Verletzung gilbend • Fleisch: weiß, Stielbasis gelb; Geruch nach Karbolsäure • Mai bis Oktober, auf Wiesen • Giftig.

Ring doppelrandig, verschiebbar →

Riesenschirmpilz · Parasolpilz

Macrolepiota procera

Hut 10–25 cm, hellbraun, jung paukenschlegelförmig, alt ausgebreitet und gebuckelt, grobschuppig; Lamellen weiß, gedrängt stehend.
Stiel Weißlich, fein bräunlich geschuppt, zylindrisch, auffallend lang, Basis knollig, Ring doppelt, dickhäutig, verschiebbar.
Fleisch Weiß, zart, Stielfleisch holzig; Geruch und Geschmack haselnussartig.
Speisewert Essbar.

→ **TYPISCH Erscheint von Juli bis Oktober hauptsächlich in Laubwäldern. Ähnlich ist der Safran-Schirmpilz (Chlorophyllum olivieri), der sich bei Verletzung safranrot verfärbt.**

❶ Safran-Schirmpilz

Chlorophyllum olivieri

STECKBRIEF Hut: 10–15 cm, bräunlich, grobschuppig; Lamellen weiß • Stiel: weißlich bis bräunlich, glatt, Basis knollig, Ring häutig, verschiebbar • Fleisch: weiß, safranrot verfärbend; Geruch und Geschmack aromatisch • Juli bis Oktober, Mischwald • Verwechslungsgefahr! Essbar.

❷ Spitzschuppiger Schirmling

Lepiota aspera

STECKBRIEF Hut: 4–15 cm, braune Stacheln auf cremefarbenen Grund; Lamellen weiß, gedrängt stehend • Stiel: weiß bis braun, kurz, voll, bald hohl, Basis knollig, Ring nicht verschiebbar, hängend, vergänglich • Fleisch: weiß; Geruch stechend • September bis Oktober, Wald-Wegränder • Giftig.

Häutiger Ring ⟶

Grünspan-Träuschling

Stropharia aeruginosa

Hut 3–8 cm, blaugrün, gelblich ausblassend, mit weißen Velumresten bedeckt, Haut schleimig; Lamellen weiß bis grauviolett, mit weißen Schneiden, am Stiel angewachsen. **Stiel** Oberhalb des Rings weiß, darunter grünlich, weiß geschuppt, schleimig, mit häutigem, aufsteigendem Ring. **Fleisch** Weiß, weich; Geruch angenehm, Geschmack mild. **Speisewert** Kein Speisepilz.

→ TYPISCH Erscheint hauptsächlich von August bis November in Nadel- und Laubwäldern. Dem Grünspan-Träuschling sehr ähnlich, aber mit braunen Lamellenschneiden, ist der ebenfalls ungenießbare Braunsporige Träuschling (S. caerulea).

Dunkler Hallimasch

Armillaria ostoyae

Hut 5–12 cm, rotbraun, mit dunklen, vergänglichen Schüppchen bedeckt, jung halbkugelig, geschlossen, dann gewölbt bis ausgebreitet; Lamellen weiß bis rostbraun.
Stiel Weiß bis braun, Ring fleischig, unterseits braunschuppig, in der Regel stark ausgeprägt.
Fleisch Weißlich, blass, im Stiel zäh; stark pilziger Geruch, Geschmack herb.
Speisewert Bedingt essbar, abbrühen.

→ TYPISCH Erscheint hauptsächlich von August bis November v. a. auf Nadelholz. Nur Hallimasche, die auf Nadelholz wachsen, gelten abgebrüht als gut verträglich.

Ring vergänglich →

Gemeines Stockschwämmchen

Kuehneromyces mutabilis

Hut 3–6 cm, zimtbraun, hygrophan, kahl, kaum gerieft; Lamellen blass bis zimtfarben, gedrängt stehend, angewachsen und etwas am Stiel herablaufend.
Stiel Über dem Ring blassbraun, glatt, gegen die Basis rostbraun schuppig, holzig, mit aufsteigendem, oft vergänglichem Ring.
Fleisch Gelblich bis blassbraun; Geruch angenehm würzig, milder, nussiger Geschmack.
Speisewert Essbar.

→ TYPISCH Erscheint von April bis Dezember In Nadel- und Laubwäldern, hauptsächlich auf totem Laubwald, meist büschelig. Der tödlich giftige Gift-Häubling (Galerina marginata) bildet in Gestalt und Farbe sehr ähnliche Fruchtkörper.

Gift-Häubling · Nadelholz-Häubling

Galerina marginata

Hut 1,5–4 cm, ockerbraun, hygrophan, glockig ausgebreitet, fettig, Rand feucht durchscheinend gerieft; Lamellen zimtbraun, gerade angewachsen bis herablaufend.
Stiel Über dem Ring bräunlich, glatt, darunter längsfaserig weiß bereift, elastisch, Ring vergänglich.
Fleisch Bräunlich; Geruch muffig, etwas mehlartig, Geschmack mild, holzartig.
Speisewert Tödlich giftig.

→ **TYPISCH** **Erscheint von Juli bis November auf totem Nadelholz, selten auf Laubholz, oft büschelig. Die Giftintensität des Gift-Häublings entspricht zu 35 % der des Grünen Knollenblätterpilzes.**

Ist am Zerfließen, Lamellen sind bereits schwärzlich gefärbt →

Schopf-Tintling

Coprinus comatus

Hut 3–6 cm, 6–12 cm hoch, weiß, walzenförmig, geschuppt, Hutspitze mit glatten, bräunlichen Häubchen, alt lang-glockig geöffnet, nie ausgebreitet, vom Rand her erst rosa, dann schwarz verfärbend und schließlich tintenartig zerfließend; Lamellen weiß, rosa, bis schwarz, gedrängt stehend.
Stiel Weiß, zylindrisch, schlank, röhrig, mit beweglichem, flüchtigem Ring.
Fleisch Weiß, alt rosa; ohne besonderen Geruch und Geschmack.
Speisewert Im jungen Zustand essbar.

Der Pilz zerfließt nach dem Sammeln schon in kurzer Zeit tintenartig schwarz. Deshalb ist ein sofortiger Verzehr oder eine schnelle Verwertung unbedingt notwendig. Schon rötliche Teile des Fruchtkörpers sind nicht mehr für Speisezwe-

↑ Tintenartige Zersetzung beginnt

↑ Völlig tintenartig zerfließend

cke verwertbar. Schopftintlinge eignen sich vorzüglich zum Einmachen in Essig. Auch zum Einfrieren sind sie geeignet. Am besten schmecken sie jedoch frisch in Butter etwas angebraten. Gilt auch als Vitalpilz in der Naturheilkunde bei Diabetes und Hämorrhoiden, ist verdauungsfördernd, reduziert unkontrollierte Gewichtszunahme, Tumore, Alzheimer, stärkt das Immunsystem und ist antioxidativ. Die Pilz-Tinte vom Schopftintling eignet sich zur Kalligrafie. Sie wird schon seit Jahrhunderten als Schreib- und Zeichentinte verwendet.

→ TYPISCH Erscheint manchmal vereinzelt schon im Mai, dann von August bis November an Waldwegen und auf Wiesen. Seine Fruchtkörper verderben außerordentlich schnell.

Lamellen weiß bis grau, schwarz zerfließend

Grauer Falten-Tintling

Coprinopsis atramentaria

Hut 3–6 cm breit, 2,5–6 cm hoch, blassgrau, Scheitel mit braunen Schüppchen, glockig aufgeschirmt, Rand faltig; Lamellen weiß bis grau, dann schwarz zerfließend.
Stiel Weißlich, zylindrisch, seidig glänzend, Basis mit ringartigem Wulst.
Fleisch Jung weiß, schnell schwarz zerfließend; ohne besonderen Geruch, milder Geschmack.
Speisewert Kein Speisepilz.

TYPISCH Erscheint von Mai bis November bei Obstbäumen, in Gärten, an Rändern von Waldwegen; häufig. In Verbindung mit Alkohol führt der Graue Falten-Tintling wegen der Substanz Coprin zu heftigen Vergiftungserscheinungen.

Häutiger Ring →

Reifpilz

Cortinarius caperatus

Hut 6–12 cm, lederbraun bis gelbbraun, jung mit einem silbrigweißen Velum bedeckt, radialrunzelig, matt, Rand im Alter radialrissig; Lamellen tonbraun, Schneiden gekerbt.
Stiel Weißlich, über dem Ring bereift, darunter fein längsfaserig, seidig, zylindrisch, kräftig, voll, Ring häutig, Basis oft knollig verdickt.
Fleisch Weißlich; Geruch angenehm, milder Geschmack.
Speisewert Essbar.

→ **TYPISCH** **Erscheint von Juli bis Oktober besonders in Nadelwäldern. Nur in kleineren Mengen konsumieren, da stark mit Cadmium und radioaktiven Substanzen belastet.**

WEITERE PILZE
schneller bestimmen

Lässt sich der Pilz, den du gefunden hast, nicht bei den Röhren- oder Lamellenpilzen einordnen?

↓

Dann bist du in dieser Gruppe richtig.

↓

Hier findest du Arten mit ungewöhnlichen Formen wie korallen- und schwammartige Pilze, aber auch so bekannte wie Pfifferlinge und Morcheln.

AB SEITE 101

Andere Formengruppen

In dieser Gruppe sind einige Köstlichkeiten aufgeführt wie Spitz- und Speisemorchel sowie Echter Pfifferling, Trompeten-Pfifferling, Gelbe Kraterelle und die Herbsttrompete. Doch Achtung vor Verwechslungen bei Stäublingen und dem Dickschaligen Kartoffelbovist!

→ Bei Korallenpilzen ist die blasse Bauchweh-Koralle giftig. Bei den gelben Korallenpilzen ist Vorsicht geboten, da es einige giftige Arten darunter gibt.

→ Eichhase und Krause Glucke beeindrucken mit ihren badeschwammartigen Fruchtkörpern. Der Gemeine Orangebecherling besticht durch seine Farbe und Form. Der Rötliche Gallerttrichter und der Eispilz überraschen durch die gallertartige Konsistenz ihres Fleischs.

Leisten stark herablaufend, gegabelt →

Echter Pfifferling · Eierschwamm

Cantharellus cibarius

Hut 2–10 cm, dottergelb, blassgelb, jung knopfförmig, dann gewölbt, schließlich trichterig, matt, Rand oft wellig; Leisten hutfarben, queradrig verbunden, weit herablaufend.
Stiel Hutfarben, voll, Basis verjüngt.
Fleisch Weiß bis blassgelb, fest, faserig; Geruch fruchtartig, Geschmack etwas pfefferig.
Speisewert Essbar.

→ TYPISCH Erscheint von Juni bis November in Laub- und Nadelwäldern, gesellig. Der nicht essbare Falsche Pfifferling (Hygrophoropsis aurantiaca) unterscheidet sich vom Echten Pfifferling durch seine deutlich erkennbaren Lamellen, die sich leicht vom Hut ablösen lassen.

Leisten farblich vom Stiel scharf abgegrenzt →

Trompeten-Pfifferling

Cantharellus tubaeformis

Hut 2–6 cm, gelbbraun bis graubraun, genabelt bis durchbohrt, dünnfleischig, Rand kraus; Leisten graubräunlich bis graugelb, deutlich, queraderig verbunden, weit herablaufend und vom Stiel farblich scharf abgegrenzt.
Stiel Leuchtend gelb, graugelb, oft verbogen, röhrig.
Fleisch Gelblich weiß, faserig; Geruch schwach obstartig, Geschmack mild.
Speisewert Essbar.

→ TYPISCH Erscheint von Juli bis November in Nadelwäldern, gern bei Tannen, gesellig. Dieser Leistling (das sind Pilze mit verkümmerten Lamellen) ist wie die Gelbe Kraterelle (C. xanthopus) ein vorzüglicher Speisepilz, wenn er auch etwas dezenter im Geschmack ist.

1 Gelbe Kraterelle

Craterellus lutescens

STECKBRIEF Hut: 1–8cm, braungelb, bis tief trichterig, Rand kraus; Fruchtschicht goldgelb, flach geadert, weit herablaufend • Stiel: orangegelb, durchbohrt • Fleisch: blass; Geruch fruchtig, milder Geschmack • Juli bis November, in Nadelwäldern, oft bei Kiefern, gesellig • Essbar.

2 Herbsttrompete

Craterellus cornucopioides

STECKBRIEF Hut: 2–6 cm, grauschwarz, trompetenförmig, bis zur Basis hohl, wellig, Fruchtschicht außen dunkelgrau, schwach aderig • Fleisch: graubraun, faserig; Geruch etwas süßlich, Geschmack mild • August bis November, in Laubwäldern oft bei Buchen, gesellig • Essbar.

Hutunterseite mit aschgrauen → Stacheln besetzt

Habichtspilz, Rehpilz

Sarcodon imbricatus

Hut 6–20 (30) cm, graubräunlicher Grund, mit dunklen, aufstehenden Schuppen bedeckt, im Alter trichterig bis durchbohrt; Stacheln weißlich bis aschgrau, brüchig.
Stiel Weißgrau, bräunlich, kurz und kräftig, matt, Basis keulig.
Fleisch Weiß bis graubraun, fest, Stielbasis holzig; Geruch würzig, Geschmack mild bis bitterlich.
Speisewert Jung essbar, Hutschuppen entfernen.

→ TYPISCH Erscheint von Juli bis November besonders in Berg-Nadelwäldern. Sehr ähnlich ist der seltene, ungenießbare, extrem scharfe Gallenstacheling (S. scabrosus), der nur im sandigen Nadelwald vorkommt. Der Habichtspilz eignet sich besonders zum Trocknen als Gewürzpilz.

Hutunterseite mit weißen Stacheln oder Stoppeln besetzt

Semmel-Stoppelpilz

Hydnum repandum

Hut 3–15 (25) cm, weißlich bis blass lederfarben, rund bis unregelmäßig, dickfleischig, oft exzentrisch gestielt, Oberfläche matt; Stacheln weißlich bis ockerrötlich, fein und dünn, brüchig.
Stiel Weiß bis blassgelb, kurz, kräftig, voll.
Fleisch Weiß, etwas brüchig, fest, Geruch angenehm; Geschmack mild, alt bitterlich.
Speisewert Essbar.

TYPISCH Erscheint von Juli bis Dezember in Laub- und Nadelwäldern, häufig und oft Massenpilz. Der Rotgelbe Semmel-Stoppelpilz (Hydnum rufescens) kommt v. a. in reinen Nadelwäldern vor.

Zitronengelbe Koralle

Ramaria flava

Hut 10–20 cm breit, 10–15 cm hoch, zahlreiche zitronengelbe, mehrfach verzweigte Äste entspringen einem kräftigen, weißen Strunk, Spitzen jung etwas weißlich, dann zitronen- bis goldgelb.
Strunk Kurz stielartig, Basis weiß, darüber cremefarben.
Fleisch Weißlich, weich, marmoriert; Geruch angenehm, milder Geschmack.
Speisewert Essbar.

→ TYPISCH Erscheint von August bis Oktober In Laubwäldern, hauptsächlich bei Buchen, kalkliebend. Achtung vor Verwechslungen mit der Dreifarbigen Koralle (R. formosa) oder der Gelblichen Koralle (R. flavescens). Diese beiden giftigen Arten verursachen Magen-Darmbeschwerden.

❶ Blasse Koralle

Ramaria mairei

STECKBRIEF 4–15 cm, korallenförmig, milchkaffeebraun, Äste verzweigt und sehr dicht stehend, Spitze mit kurzen Zähnchen, die bisweilen lila getönt sind • Fleisch: weiß; Geruch nach Maggi, mild bis bitteren Geschmack • August bis Oktober, gern bei Buchen • Giftig.

❷ Klebriger Hörnling

Calocera viscosa

STECKBRIEF 1–8 cm, kräftig goldgelb, orangegelb, korallenartig gabelig verzweigt, mit klebrigen Spitzen, Basis wurzelnd • Fleisch: elastisch, biegsam, trocken hornartig; ohne Geruch und Geschmack • Juni bis November, auf morschem Nadelholz, häufig • Kein Speisepilz.

Schwefel-Porling

Laetiporus sulphureus

Hut 10–30 cm breit und 2–5 cm dick, oft sind mehrere fächerförmige Hüte übereinander angeordnet; orangegelb mit schwefelgelbem, welligem Rand, matt, ungestielt am Stamm aufsitzend; Poren lebhaft schwefelgelb.
Fleisch Jung lebhaft gelb, weich und saftig, später zäh, korkig bis kreidig; Geruch aromatisch, säuerlicher Geschmack.
Speisewert Jung essbar, abbrühen, gelegentliche Unverträglichkeiten.

→ TYPISCH Erscheint von Mai bis Juli an lebenden Laubbäumen, seltener Nadelbäumen. Er befällt gern Obstbäume, die er nach mehreren Jahren zum Absterben bringt.

Mit rötlichem Rand →

Rotrandiger Baumschwamm

Fomitopsis pinicola

Hut 5–25 cm breit, 5–10 cm tief und 3–15 cm dick, konsolenförmig; Oberseite nur jung rötlich, sonst grau bis schwärzlich, mit einer rötlichen Randzone und einer weißen Zuwachszone, die den abgerundeten, gleichmäßigen bis welligen Rand bildet; Unterseite mit cremefarbenen bis bräunlichen Poren.
Fleisch Zäh, lederig bis holzig, mit auffallendem säuerlichen Geruch und bitterem Geschmack.
Speisewert Kein Speisepilz.

TYPISCH Erscheint ganzjährig auf totem Nadel- und Laubholz, häufig. Ältere Exemplare erkennt man gut an ihrem charakteristisch rötlichen Rand.

Eichhase

Polyporus umbellatus

Hut 10–30 cm breit, blumenkohlartig, mit zahlreichen, 1–4 cm hohen, genabelten, zentral gestielten Hütchen mit wellig gekerbtem Rand, ocker bis graubraun; Unterseite mit hellen, herablaufenden Poren; Stiele weiß, in einen gemeinsamen Strunk übergehend.
Fleisch Weiß, in den Hüten weich, dünn; Geruch angenehm, nussiger Geschmack.
Speisewert Jung essbar.

TYPISCH Erscheint von Juli bis September parasitär und folgezersetzend am Grund von Eichen und Buchen. Der Eichhase bildet 5–10 cm breite Überdauerungsorgane (Sklerotien), die die feinen Saugwurzeln der Bäume umschließen. Oft bleiben die Fruchtkörper über Jahre aus.

Später gelblich gefärbt →

Krause Glucke

Sparassis crispa

Hut 6–30 (40) cm im Durchmesser, elastisch, zäh, brüchig, erst cremefarben, später gelblich gefärbt, Form eines Badeschwamms, blumenkohlartig, mit dicht gedrängten Ästen, die jung in runden, flachgedrückten, glatten Hüten enden. Durch das Wachstum biegen sich die Hutränder nach oben, drängen sich dicht und werden deutlich gekräuselt. Der Fruchtkörper entspringt einem fleischigen Strunk, der auf den Wurzeln der befallenen Bäume sitzt.
Fleisch Weiß, wachsartig. Geruch angenehm, Geschmack mild.
Speisewert Essbar.

→ **TYPISCH** **Erscheint von Juli bis Oktober parasitisch am Fuß von Nadelbäumen, besonders von Kiefern, seltener Fichten, aber auch als Saprobiont auf und bei morschen Strünken derselben Holzarten.**

Oben Öffnung, aus der die Sporen entweichen →

Flaschen-Stäubling

Lycoperdon perlatum

Hut 3–8 cm hoch, jung weiß, dann bräunend, flaschenförmig, Kopfteil mit abwischbaren Stacheln oder Wärzchen dicht besetzt; am Scheitel entwickelt sich bei Reife eine Öffnung, aus der die Sporen entweichen; Kopfunterseite faltig; Stiel regelmäßig, Basis verjüngt.
Fruchtmasse Im Schnitt erst weiß, zart, später breiig gelblich bis olivbraun, bei Reife stäubend.
Fleisch Erst weiß, dann gelb werdend, alt oliv-schwarzbraun. Geruch angenehm, Geschmack mild.
Speisewert Essbar, solange das Fleisch weiß ist.

→ TYPISCH Erscheint von Juli bis November in Nadel- und Laubwäldern auf dem nackten Boden. Zusammen mit dem Birnen-Stäubling (L. pyriforme) gehört er zu den häufigsten Stäublingen.

1 Birnen-Stäubling

Apioperdon pyriforme

STECKBRIEF 1–5 cm hoch, creme, birnenförmig, oft glatt, Fruchtmasse weiß, dann gelblich, bei Reife stäubend. Geruch unangenehm, milder Geschmack • August bis November, auf Holz • Essbar, solange das Fleisch weiß ist.

2 Dickschaliger Kartoffelbovist

Scleroderma citrinum

STECKBRIEF 3–8 cm, gelblich, nierenförmig knollig, felderig rissig, bei Reife stäubend; stiellos; Fruchtmasse erst fast weiß, später grauschwarz; Geruch metallisch • Juli bis November, in Mischwäldern, häufig • Giftig.

Rippen längsgefurcht →

Spitzmorchel

Morchella elata

Hut Hutteil 3–5 cm hoch, Pilz insgesamt 5–12 cm hoch, jung grau, auch schwarzbraun, eiförmig bis kegelig, mit erhöhten, deutlich zusammenhängend verlaufenden, dunklen Längsrippen und tiefer liegenden, weniger ausgeprägten Querrippen.
Stiel Weiß, Basis gefurcht.
Fleisch Weiß, ganzer Fruchtkörper hohl, wachsartig; fast geruchlos, milder Geschmack.
Speisewert Essbar.

→ TYPISCH Erscheint von Februar bis Juni meist in Nadelwäldern, Auwäldern, auf Holzlagerplätzen und auf Rindenmulch. Vorsicht vor Verwechslungen mit der giftigen Frühjahrslorchel (Gyromitra esculenta), die an ähnlichen Standorten vorkommt!

1 Speisemorchel

Morchella esculenta

STECKBRIEF 5–12 cm hoch, gelb, hellbraun, eiförmig, mit sehr unregelmäßigen Gruben, die durch Rippen wabenartig getrennt sind; Stiel weiß • Fleisch: weißlich, wachsartig, Fruchtkörper hohl; Geruch angenehm, Geschmack mild • April bis Juni, in Auwäldern, auf Wiesen • Essbar.

2 Gemeine Stinkmorchel

Phallus impudicus

STECKBRIEF Erst weiß, eiartig, glatt, wurzelnd, bei Reife reißt die Außenhülle und der weiße Stiel streckt sich mitsamt dem dunkelgrünen Kopf bis zu 20 cm in die Höhe, Geruch unangenehm aasartig • Mai bis September, im Mischwald, häufig • Nur jung als Hexenei essbar.

Stiel längsfurchig, grubig →

Herbst-Lorchel

Helvella crispa

Hut 5–15 cm hoch, Hutteil 3–5 cm breit, weiß oder weißlich, unregelmäßig wellig, kraus, mit mehreren faltigen Lappen, oft sattelförmig, mit den Rändern am Stiel angewachsen oder frei.
Stiel Weiß, tief längsfurchig, grubig, gegen die Basis bauchig.
Fleisch Weißlich, elastisch, im Innern längs gekammert; fast geruchlos; mit mildem Geschmack.
Speisewert Kein Speisepilz.

→ TYPISCH Erscheint von August bis November meist in Nadel- und Laubwäldern. Enthält in geringen Mengen das Gift Gyromitrin, das eventuell Organschädigungen verursachen kann. Deshalb ist die Herbst-Lorchel, obwohl sie früher gegessen wurde, für Speisezwecke zu meiden.

❶ Frühjahrslorchel

Gyromitra esculenta

STECKBRIEF 5–9 cm breit, braun, hirnartig gewunden, mit dem Stiel verwachsen; Stiel weiß, kurz; Fruchtkörper hohl; fast geruchlos, mit mildem Geschmack • Im Frühjahr in Kiefernwäldern, auf Holzplätzen, gilt als der typische Doppelgänger von Morcheln • Enthält Gyromitrin, sehr giftig.

❷ Elastische Lorchel

Helvella elastica

STECKBRIEF 2–6 cm hoch weiß bis grau, sattelförmig und unregelmäßig gelappt, am Stiel nicht angewachsen; Stiel weißlich, hohl, glatt, auffallend elastisch, Geruch angenehm und Geschmack mild • Juni bis Oktober, in Mischwäldern, an Wegrändern • Enthält Gyromitrin, kein Speisepilz.

Auch mit orangen Farbtönen →

Gemeiner Orangebecherling

Aleuria aurantia

Merkmale 2–10 cm, becherförmig bis schüsselförmig, dünnfleischig, bald mit wellig verbogenem, bisweilen einreißendem Rand, die Becherinnenseite (Fruchtschicht) leuchtend rotorange und glatt, Außenseite blasser, mehlig bereift; stiellos am Boden aufsitzend.
Fleisch Weiß, wachsartig; ohne besonderen Geruch und Geschmack.
Speisewert Kein Speisepilz.

→ TYPISCH Erscheint von Juli bis Oktober in Wäldern entlang von Wegen. Oft wird er roh mit Likör getränkt gegessen. Man lässt den nicht häufigen Pilz jedoch besser stehen und freut sich am Farbenwunder.

Violetter Kronenbecherling

Sarcosphaera coronaria

Merkmale 3–10 cm Durchmesser, erst als hohle, gebrechliche, weiße Kugel im Boden eingesenkt, dann aus der Erde hervorbrechend und von der Mitte her sternförmig aufreißend, Außenseite schmutzig- bis grauweißlich, Innenseite (Fruchtschicht) deutlich lila bis violett, Außenschicht hell lila-weißlich mit Humuspartikeln behaftet, ungestielt.
Fleisch Weiß, brüchig; geruchlos, mit mildem Geschmack.
Speisewert Sehr giftig.

→ TYPISCH Erscheint von Mai bis Juni in Nadel- und Laubwäldern. Dieser Pilz ist ähnlich toxisch wie die Frühjahrslorchel (Gyromitra esculenta). In manchen Gegenden und Jahren erscheint dieser große Becherling massenhaft.

Rötlicher Gallerttrichter

Tremiscus helvelloides

Merkmale 3–10 cm hoch, 2–5 cm breit, orangerosa, lachsfarben bis orangerot, erst zungenförmig, dann trichterig, umgeschlagen, Innenseite glatt, matt, oberer Teil der Außenseite (Fruchtschicht) erst glatt, dann aderig.
Fleisch Rötlich, durchscheinend, gelatinös, Basis knorpelig, voll, ohne besonderen Geruch und Geschmack.
Speisewert Roh essbar.

TYPISCH Erscheint von Juli bis Oktober in Wäldern, an feuchten Stellen. Das Sammeln dieses roh essbaren Pilzes ist in vom Fuchsbandwurm verseuchten Gebieten besser zu unterlassen.

Unterseite mit Stacheln →

Eispilz · Zitterzahn

Pseudohydnum gelatinosum

Merkmale 2–6 cm breit, weiß, seltener graubräunlich, konsolenförmig, am Substrat angewachsen, Oberseite körnig bis glatt, Unterseite (Fruchtschicht) mit weißlichen Stacheln besetzt.
Fleisch Weiß mit bläulichem Schimmer, durchscheinend, gelatinös; ohne besonderen Geruch und Geschmack.
Speisewert Roh essbar.

→ **TYPISCH Erscheint von Juli bis November an morschen Nadelholzstrünken, häufig. Der Eispilz ist der einzige Gallertpilz mit stacheliger Fruchtschicht. In Gebieten, in denen der Fuchsbandwurm verbreitet ist, lässt man ihn besser stehen.**

Register

Bildnachweis

Alle Fotos von **Markus Flück**, außer Patrick Lüthy (Umschlagklappe, Autorenbild)

Illustrationenen: **sutterstock** (3): Umschlagklappe vorne innen links und rechts oben, 5; **Stefanie Wawer** (4): Umschlagklappe vorne innen rechts unten, 2/3, 4 und **Wolfgang Lang** (14): 128.

Impressum

Umschlaggestaltung von GRAMISCI Editorial Design (Claudia Geffert), München, unter Verwendung eines Farbfotos von stocksy/marcel. Das Bild zeigt einen Fliegenpilz.

Die Fotos auf der Umschlagklappe vorne außen sowie das Foto auf der Umschlagklappe vorne innen links stammen aus dem Innenteil.

Mit 231 Farbfotos und 21 Illustrationen.

Unser gesamtes lieferbares Programm finden Sie unter **kosmos.de**. Über Neuigkeiten informieren Sie regelmäßig unsere Newsletter, einfach anmelden unter **kosmos.de/newsletter**.

DER NATURFÜHRER No. 1*

* Quelle: Media Control MC Metis, Deutschland, FY 2021, WG 420 – Natur und WG 422 – Naturführer, Umsatz

MIX
Papier | Fördert gute Waldnutzung
FSC® C014889
FSC www.fsc.org

Gedruckt auf chlorfrei gebleichtem Papier

ISBN 978-3-440-17387-9
Projektleitung: Claudia Salata
Redaktion und Satz: Barbara Kiesewetter Redaktionsbüro, München
Produktion: Markus Schärtlein
Gestaltungskonzept: GRAMISCI Editorial Design (Claudia Geffert), München
Druck und Bindung: Friedrich Pustet GmbH & Co. KG, Regensburg
Printed in Germany / Imprimé en Allemagne

Wichtige Hinweise

Auch die ausführlichste Diagnose mit einem Pilzbuch kann die umfassende Erfahrung nicht ersetzen, die ein Pilzsammler erst im Laufe der Zeit erwirbt. Lassen Sie deshalb selbst bestimmte Pilze beim geringsten Zweifel an der Diagnose vorsichtshalber von einem Fachmann nachbestimmen (Pilzberatungsstellen, anerkannte Pilzberater). Im Zweifelsfall sollten Sie eine fragliche Art nicht verwenden. Verlag und Autor tragen keinerlei Verantwortung für Fehlbestimmungen durch den Leser dieses Buches und für individuelle Unverträglichkeiten.

Allgemein gilt: Pilze nie roh essen! Sofern nicht anders angegeben, schließt der Hinweis »essbar« stets ein, dass der Pilz zuvor durch Braten, Kochen etc. eine Hitzebehandlung erfuhr.

Berlin: Giftnotruf
Tel. +49 30 1 92 40,
www.giftnotruf.de

Bonn: Informationszentrale gegen Vergiftungen
Tel. +49 228 1 92 40,
www.meb.uni-bonn.de/giftzentrale

Erfurt: Gemeinsames Giftinformationszentrum der Länder Mecklenburg-Vorpommern, Sachsen, Sachsen-Anhalt und Thüringen
Tel. +49 361 730 730,
www.ggiz-erfurt.de/

Freiburg: Vergiftungs-Informations-Zentrale
Tel. +49 761 1 92 40,
https://www.uniklinik-freiburg.de/giftberatung.html

Göttingen: Giftinformationszentrum Nord der Länder Bremen, Hamburg, Niedersachsen und Schleswig-Holstein
Tel. +49 551 1 92 40,
www.giz-nord.de

Homburg/Saar: Informations- und Behandlungszentrum für Vergiftungen des Saarlandes
Tel. +49 68 41 1 92 40,
http://www.uniklinikum-saarland.de/de/einrichtungen/kliniken_institute/kinder_und_jugendmedizin/informations_und_behandlungszentrum_fuer_vergiftungen_des_saarlandes/

Mainz: Giftinformationszentrum der Länder Rheinland-Pfalz und Hessen
Tel. +49 61 31 1 92 40,
www.giftinfo.uni-mainz.de

München: Abteilung für klinische Toxikologie und Giftnotruf München
Tel. +49 89 1 92 40,
www.toxinfo.org

Wien: Vergiftungsinformationszentrale
Tel. +43 1 406 43 43,
http://www.goeg.at/de/VIZ

Zürich: Schweizerisches Toxikologisches Informationszentrum (STIZ)
Tel. 145 (24 h-Notruf, nur innerhalb der Schweiz erreichbar),
Tel. +41 44 251 51 51(Im Notfall aus dem Ausland)
http://toxinfo.ch/